"十四五"国家重点出版物出版规划项目

舟山群岛海洋生物多样性研究

主编 赵盛龙 徐汉祥 尤仲杰 钟俊生

大型底栖藻类

本册主编 崔大练

浙江科学技术出版社·杭州

版权所有　侵权必究

图书在版编目（CIP）数据

舟山群岛海洋生物多样性研究.大型底栖藻类/赵盛龙等主编；崔大练本册主编.—杭州：浙江科学技术出版社，2022.12

ISBN 978-7-5739-0480-5

Ⅰ.①舟… Ⅱ.①赵… ②崔… Ⅲ.①海洋生物－海洋底栖生物－硅藻门－生物多样性－研究－舟山　Ⅳ.①Q178.53

中国版本图书馆CIP数据核字（2022）第257356号

书　　名	舟山群岛海洋生物多样性研究　大型底栖藻类
主　　编	赵盛龙　徐汉祥　尤仲杰　钟俊生
本册主编	崔大练
出版发行	浙江科学技术出版社 杭州市体育场路347号　邮政编码：310006 办公室电话：0571-85176593 销售部电话：0571-85062597 E-mail：zkpress@zkpress.com
排　　版	杭州万方图书有限公司
印　　刷	浙江新华数码印务有限公司
开　　本	889×1194　1/16　　　　印　张　13.75
字　　数	250 000
版　　次	2022年12月第1版　　　　印　次　2022年12月第1次印刷
书　　号	ISBN 978-7-5739-0480-5　定　价　120.00元

责任编辑　陈潇潇　　　　责任校对　李亚学
责任美编　金　晖　　　　责任印务　崔文红

如发现印、装质量问题，请与承印厂联系调换。电话：0571-85155604

编委会

主　　　编：赵盛龙　　徐汉祥　　尤仲杰　　钟俊生

本 册 主 编：崔大练

本册副主编：马玉心　　苗增良

本 册 编 者：陈　健　　林良羽　　蒋日进　　余法建

前言

舟山群岛是我国第一大群岛，海域面积达 22000 km²，拥有 2000 多个岛屿和漫长的深水岸线，气候条件优越，生物物种种类及特有类群均居全国前列，是我国生态安全屏障和生物多样性的天然宝库，也是我国乃至西北太平洋重要的天然基因库。舟山群岛海域得益于得天独厚的自然条件，有着我国第一大渔场——舟山渔场，这也是世界著名的渔场。2011 年 6 月 30 日，国务院正式批准设立浙江舟山群岛新区，舟山群岛开发上升为国家战略，成为我国第一个以海洋经济为主题的国家战略层面新区。舟山群岛是大力发展海洋经济的前沿阵地，是我国建设海洋强国的蓝色引擎，是我国"海上丝绸之路"的重要中转港口，在我国建设海洋强国进入加速期的这一关键历史时刻，扮演着越来越重要的角色。

随着海洋经济快速发展，舟山群岛的海洋生态系统面临着新的变化，海洋生物多样性受到威胁。自 20 世纪 80 年代以来，舟山的传统渔业资源开始逐渐衰退，原有的鱼汛也逐渐消失，大家不免担忧，东海会无鱼以至无渔吗？海洋生物是一类可再生资源，其再生能力取决于种群的自身繁育能力，当捕捞强度超过了再生能力，资源减少自然就不可避免。客观地说，以传统的经济种类维持原有的捕捞及管理模式，确已难以为继。

针对海洋传统经济种类资源的减少，我国自 1979 年开始，提出设立禁渔期、禁渔区制度。自 1995 年开始，在渤海、黄海、东海、南海 4 大海区除钓具外，开始全面实行伏季休渔，几年后还扩大至鄱阳湖、长江、珠江以及黄河流域等内陆水域，并对我国远洋渔业作业海域，如印度洋北部公海海域、大西洋公海部分海域、东太平洋公海部分海域等也实行自主休渔。舟山市还设立了马鞍列岛国家海洋特别保护区和中街山列岛海洋特别保护区，以及大戢洋、岱衢洋、马鞍列岛等省级产卵场保护区。同时加强渔业水域生态修复养护、投放人工渔礁、经济种类人工放流等保护措施。经过多年的努力，人们看到了希望，以"几近绝迹"的大黄鱼为代表的部分传统鱼类近年来产量有了一定的提升。

高效、持续利用海洋生物资源，是一项长期、复杂的系统工程，我们常以食物链或食物网来比喻内涵复杂的营养级别的转化。事实上，所谓的传统经济种类，原来可能是处于食物链中端或末端的群体，正因为这部分群体适合人们食用并一直被作为商品，故称其为"传统经济种类"。根据r-K选择生态进化理论，大多数鱼类（硬骨鱼类）及无脊椎动物会采用r选择的繁殖策略，即在上端营养级物种减少时，其下端或更下端营养级的"大众"生物的数量和种类会随之扩张，以达到另一个海洋生态平衡。

多年的实践与众多学者研究证实，在传统经济种类减少的情况下，许多原来并不受待见的低值、小型、低龄种类并没有减少，如小黄鱼（低龄化、小型化、早熟化）、龙头鱼、哈氏仿对虾、鹰爪虾、口虾蛄等的产量逐渐增加。我们认为，海洋生物总体资源并未消失，渔场重现的可能性及机会仍然存在，关键是当下及今后如何合理开发、利用及有效保护。而开发、利用、保护的关键是了解舟山群岛海洋生物物种的"家底"。虽然有关舟山海洋生物的种类、数量及时空变化，历年来报道过不少，但持续性的研究不多，大多是零星的成果，缺乏系统性和更广层面的推介、科普及认知。

自2014年开始，我们根据多年的调查研究成果、浙江海洋大学海洋生物博物馆和浙江省海洋科学院积累的资料，对舟山群岛海域的海洋生物多样性进行了系统摸排，并利用承担或参与多个国家级、省级及校级自主科研项目的机会，如国家自然科学基金项目"长江口及邻近海域海洋生物与生态野外实践基地项目"（2014—2016年）、国家重点研发计划"蓝色粮仓科技创新"重点专项"东海渔业资源增殖与多元化养殖模式示范项目"、"我国重要渔业水域食物网结构特征与生物资源补充机制项目"（2018—2022年）、"浙江省八大水系及近岸海域水生生物资源调查"（2022—2023年）、"浙江海洋大学自主航次——海洋锋面及渔业资源长期调查计划（大型底栖动物调查）"（2020—2023年）、"舟山市普陀区水产种质资源和水生动植物资源调查与评估"（2021—2022年）等，筛选出相对齐全的舟山群岛海域大型海洋生物种类，编写了本套"舟山群岛海洋生物多样性研究"图书。

本套图书分为"鱼类""虾蟹类""软体动物类""大型底栖藻类"及"其他大型底栖无脊椎动物"5册，基本涵盖了舟山海域已知的大型生物种类。本套图书将成为人们了解舟山群岛海洋生物"家底"的族谱，同时也是海洋生物类教学、科研、科普以及水产养殖、海洋捕捞、海钓业等不可或缺的基础资料。

本套图书由国家出版基金资助出版。此外，宁波市渔文化研究会提供了大量照片，在此一并表示衷心感谢。

编者

2022年9月

目录

概论 ········· 1
  一、海藻的类群 ········· 2
  二、海藻的结构 ········· 7
  三、海藻的分类 ········· 8
  四、海藻的繁殖 ········· 9
  五、海藻的生活史 ········· 13
  六、海藻的分布 ········· 19
  七、海藻与人类的关系 ········· 20

各论 ········· 23

绿藻门 Chlorophyta ········· 24
  绿藻纲 Chlorophyceae ········· 24
    一、羽藻目 Bryopsidales Schaffner ········· 24
      （一）羽藻科 Bryopsidaceae Bory de Saint-Vincent, 1829 ········· 25
      （二）松藻科 Codiaceae Kützing, 1843 ········· 32
    二、刚毛藻目 Cladophorales ········· 34
      （三）刚毛藻科 Cladophoraceae Wille, 1884 ········· 34
    三、丝藻目 Ulotrichales ········· 46
      （四）礁膜科 Monostromataceae Kunieda 1934 ········· 46
      （五）丝藻科 Ulotrichaceae Kützing, 1843 ········· 49
    四、石莼目 Ulvales ········· 51
      （六）科恩氏藻科 Kornmanniaceae L. Golden & K. M. Cole, 1986 ········· 51
      （七）石莼科 Ulvaceae Lamouroux ex Dumortier, 1822 ········· 53

褐藻门 Ochrophyta ········· 63
  褐藻纲 Phaeophyceae ········· 63
    五、网地藻目 Dictyotales ········· 63
      （八）网地藻科 Dictyotaceae Lamouroux ex Dumortier, 1822 ········· 64
    六、水云目 Ectocarpales ········· 69
      （九）索藻科 Chordariaceae Greville, 1830 ········· 69

（十）水云科 Ectocarpaceae C. Agardh 1828·····72
　　（十一）萱藻科 Scytosiphonaceae Farlow, 1881·····75
七、墨角藻目 Fucales·····80
　　（十二）马尾藻科 Sargassaceae Kützing, 1843·····80
八、铁钉菜目 Ishigeales·····89
　　（十三）铁钉菜科 Ishigeaceae Okamura, 1935·····89
九、海带目 Laminariales·····92
　　（十四）翅藻科 Alariaceae Setchell & Gardner, 1925·····92
　　（十五）海带科 Laminariaceae Bory, 1827·····94
十、褐壳藻目 Ralfsiales·····96
　　（十六）褐壳藻科 Ralfsiaceae Farlow, 1881·····96
十一、黑顶藻目 Sphacelariales·····98
　　（十七）黑顶藻科 Sphacelariaceae Decaisne, 1842·····98

红藻门 Rhodophyta·····101

红毛菜纲 Bangiophyceae·····101

十二、红毛菜目 Bangiales·····101
　　（十八）红毛菜科 Bangiaceae Duby, 1830·····102

真红藻纲 Florideophyceae·····110

十三、仙菜目 Ceramiales·····110
　　（十九）仙菜科 Ceramiaceae Dumoritier, 1822·····111
　　（二十）红叶藻科 Delesseriaceae Bory, 1828·····119
　　（二十一）松节藻科 Rhodomelaceae Horaninow, 1847·····127
　　（二十二）软毛藻科 Wrangeliaceae J. Agardh, 1851·····139
十四、珊瑚藻目 Corallinales·····141
　　（二十三）珊瑚藻科 Corallinaceae Lamouroux, 1812·····141
　　（二十四）石叶藻科 Lithophyllaceae Athanasiadis, 2016·····145
十五、石花菜目 Gelidiales·····151
　　（二十五）胶粘藻科 Dumontiaceae Bory, 1828·····151
　　（二十六）内枝藻科 Endocladiaceae Kylin, 1928·····153
　　（二十七）石花菜科 Gelidiaceae Kützing, 1843·····157
十六、杉藻目 Gigartinales·····163
　　（二十八）茎刺藻科 Caulacanthaceae Kützing, 1843·····163
　　（二十九）沙菜科 Cystocloniaceae Kützing, 1843·····165

（三十）杉藻科 Gigartinaceae Bory, 1828 ·············168
（三十一）楷膜藻科 Kallymeniaceae (J. Agardh) Kylin, 1928 ···········172
（三十二）育叶藻科 Phyllophoraceae Willkomm, 1854 ···········174
十七、江蓠目 Gracilariales ·············176
（三十三）江蓠科 Gracilariaceae Nägeli, 1847 ···········176
十八、海膜目 Halymeniales ·············179
（三十四）蜈蚣藻科 Grateloupiaceae Schmitz ·············179
（三十五）海膜科 Halymeniaceae Bory, 1828 ···········187
十九、海头红目 Plocamiales ·············191
（三十六）海头红科 Plocamiaceae Kützing, 1843 ···········191
二十、红皮藻目 Rhodymeniales ·············193
（三十七）环节藻科 Champiaceae Kützing, 1843 ···········193
（三十八）节荚藻科 Lomentariaceae J. Agardh, 1876 ···········196
（三十九）红皮藻科 Rhodymeniaceae Harvey, 1849 ···········200

参考文献 ·············203
拉丁学名索引 ·············205
中文名索引 ·············208

概论

海藻是指生活于海洋环境中，营自养生活，没有根、茎、叶的分化，且不开花，不结果，通过孢子进行繁殖的一类低等植物。正因为是通过孢子进行繁殖，且不开花结果，故有时也称为孢子植物或隐花植物。

海藻利用二氧化碳、水及氮、磷等营养物质，通过光合作用固定太阳能，合成有机质。海藻种类繁多，数量庞大，且分布极广，因此是海洋中最主要的初级生产力。

一、海藻的类群

按海藻的结构、体形和生活方式，海藻通常分为浮游海藻、漂浮海藻和底栖海藻3类。

浮游海藻通常都为小型、单细胞生物（图1），也有的通过细胞壁的一些突起组成可分离的多细胞群体，并依靠细胞壁的一些突起，营浮游生活，如在传统分类中的硅藻、甲藻、金藻、蓝绿藻。

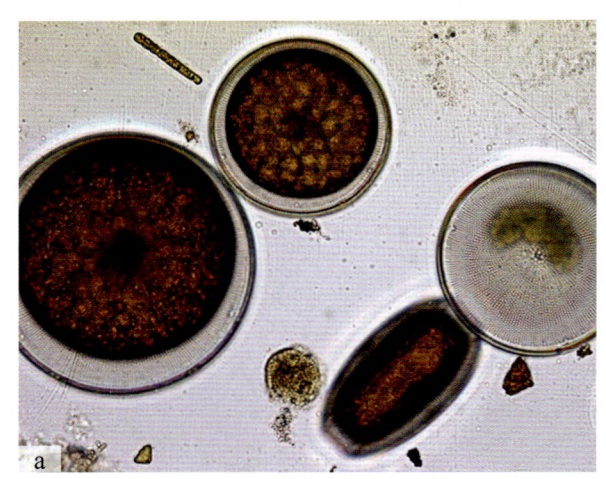 

图1　单细胞浮游海藻

a.圆筛藻　b.舟形藻

在现代分类中，蓝绿藻等海藻由于没有细胞核，且细胞构造、繁殖方式与细菌相似，已由原来的"蓝藻门"归入细菌门，特称为蓝细菌；而夜光藻等甲藻以及扁藻等绿藻中的一些种类（图2、图3），因具有能运动的鞭毛，通常被归入原生动物中的植鞭亚纲，如夜光藻大多改称为夜光虫，也常称为荧光藻、海耀、蓝眼泪（图4）。

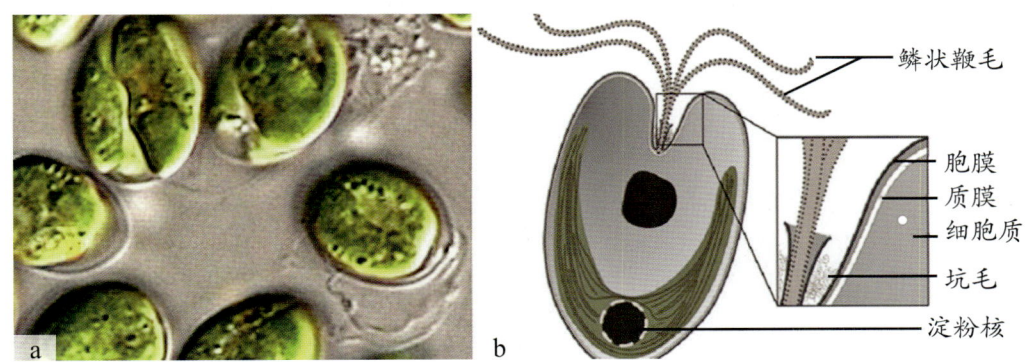

图 2　绿藻门四爿藻
a.藻体　b.模式图

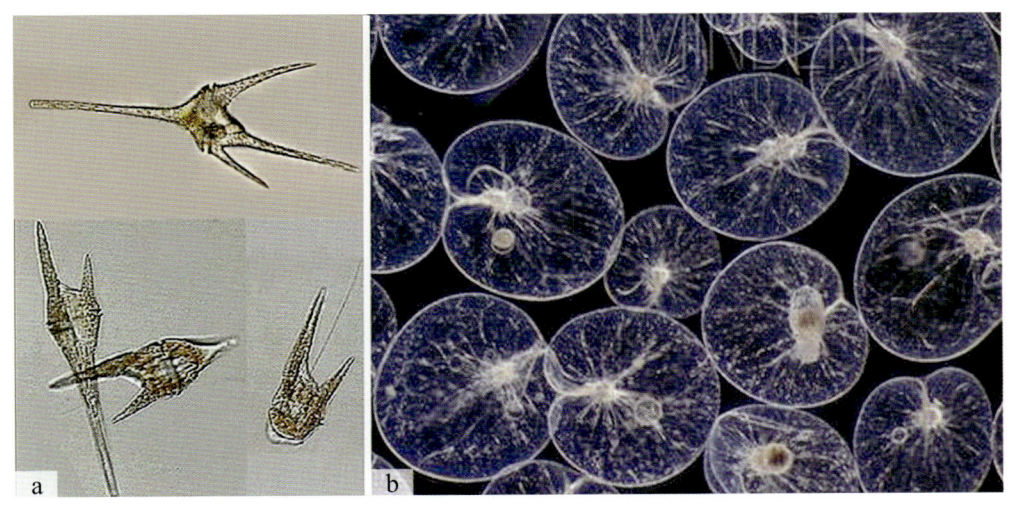

图 3　甲藻门物种
a.角藻　b.夜光藻

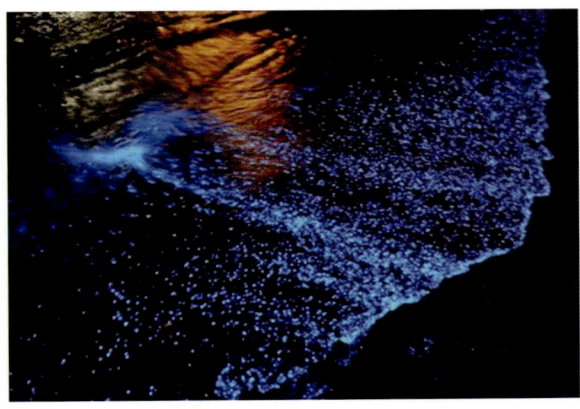

图 4　由夜光藻引发的"海耀""蓝眼泪"

大多数的单细胞浮游藻类，会借助其细胞壁的一些突起组成"多细胞"群体（图5、图6），但其群体内的个体仍为独立的生命体，合就聚，不合就离，聚或离或为其生活史中的一个阶段，或是其中的某个特殊营养时期。

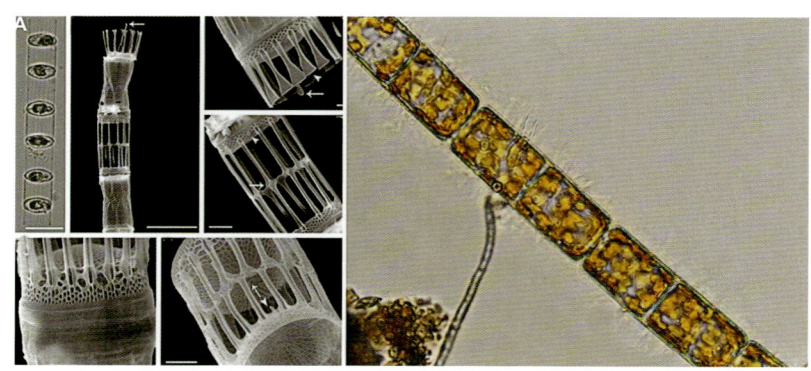

图5 多细胞群体浮游海藻——中肋骨条藻

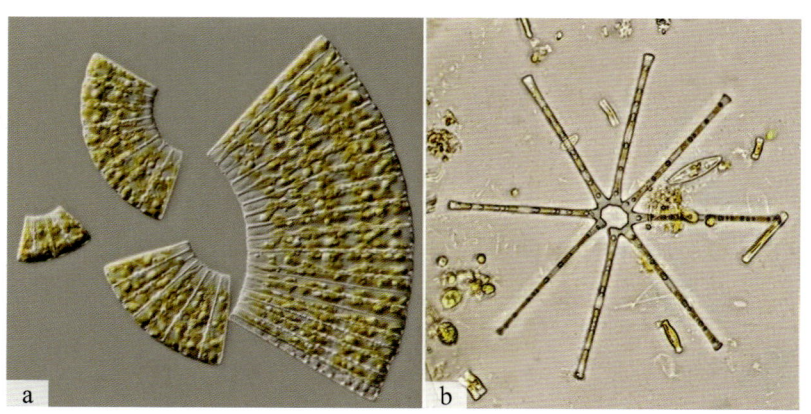

图6 多细胞群体浮游海藻

a.扇形藻　b.星杆藻

底栖海藻由多个细胞构成，为多细胞类型的植物体，细胞之间已有功能及形态的分化，属大型藻类。这类海藻通常都有类似于根、茎、叶的分化（图7），但并非真正的根、茎、叶，故称为假根、假叶和假茎。藻体以假根固着或附着于岩石、绳筏等某些基质上，习惯上也称其为定生性海藻，如海带、紫菜、羊栖菜、石花菜。

由于细胞分裂的方向不同，底栖海藻的植物体常常呈丝状、膜状、管状或假薄壁状等，较常见的为丝状、管状和膜状。

丝状体类型的海藻，细胞常向一个方向分裂，形似"细胞列"，如硬毛藻（图8）、刚毛藻。

图7 大型底栖海藻"根""茎""叶"的分化

图 8 硬毛藻
a.植株形态 b、c.丝状体

膜状体类型海藻的细胞向多个方向分裂,形成膜状体,如礁膜、石莼、蜈蚣藻(图9),藻体较大,通常在几厘米至数米不等,最大的现生藻类为褐藻中的巨藻。

管状体类型海藻,如海萝(图10)。

图 9 蜈蚣藻
a.植株形态 b.膜状体

图 10 海萝
a.植株形态 b.管状体横切面

漂浮海藻通常没有假根,体呈长丝状或管状,平时聚集成簇状,生活在水层中,也可随潮流漂移,最常见的为有"苔条"之称的浒苔(图11)和某些马尾藻(图12)。

图 11　山东沿海的浒苔　　　　　　　　图 12　马尾藻

底栖海藻及漂浮海藻，在舟山嵊山当地也称为海草，这可能是一种泛称。其实海藻与海草不同，真正的海草是指生长于温带、热带近海水下的高等的单子叶草本植物，它们有发育良好的根、茎、叶，且能开花，如喜盐草、大叶藻（图13）、海菖蒲（图14）。

图 13　大叶藻　　　　　　　　　　　图 14　海菖蒲

海草生长在潮下带或低潮带，形成的成片海草场也称为海草床（图15），是继红树林和珊瑚礁以外又一个重要的海洋生态系统，是许多大型海洋生物甚至哺乳动物赖以生存的栖息地，在生态上具有重要意义。但大型的海草床在舟山还没有发现。

图 15　海草床

此外，广泛分布于河口、海湾等沿海滩涂上的互花米草（图16）、大米草也不属于海藻，它们都是禾本科米草属的多年生草本植物。

图16　互花米草

大米草和互花米草均为外来物种，分别于20世纪60年代、70年代从美国引进，原设想借以改良土壤、净化空气、绿化环境、防风抗浪、增加湿地面积等。互花米草具有超强的适应能力和繁殖能力，在潮滩湿地可以迅速扩散。但也因"超强能力"，互花米草现已遍布我国沿海各省的淤泥质潮滩，破坏近海生物的栖息环境，影响滩涂养殖，堵塞航道，减弱海水交换能力导致水质下降，从而成为现今名副其实的"害草"。

二、海藻的结构

与高等植物相比，大型海藻的结构相对简单，藻体外形上已有类似根、茎、叶的分化（图17），但没有真正的根、茎、叶中的维管束结构。

常见的藻体为叶状体，叶状扁平的部分为叶片。藻体叶片与高等植物叶片的不同在于其没有叶脉，且正反两面都相同，是藻体进行光合作用的主要部位。

有些藻类在叶片的基部或腋间还具气囊，其内常充满气体。气囊的主要功能是增加藻体的浮力，使藻体更接近海表面，从而提高光合作用的效率。有些气囊内还含有一氧化碳气体，对大型藻类来说，这可能是一种保护机制。

有些海藻在叶片之下有类似茎的结构，称为柄或叶柄、假茎，不同种类的柄有长有短，柄为叶片的发生之处，并提供支持作用。而在柄或叶柄以下有1类似根的结构，称为固着器或假根，其作用是将叶状体固定在海底，但固着器并不能像高等植物的根一样穿透泥沙，也不参与任何有关水和营养物质的吸收和运输，只是起到锚定作用。

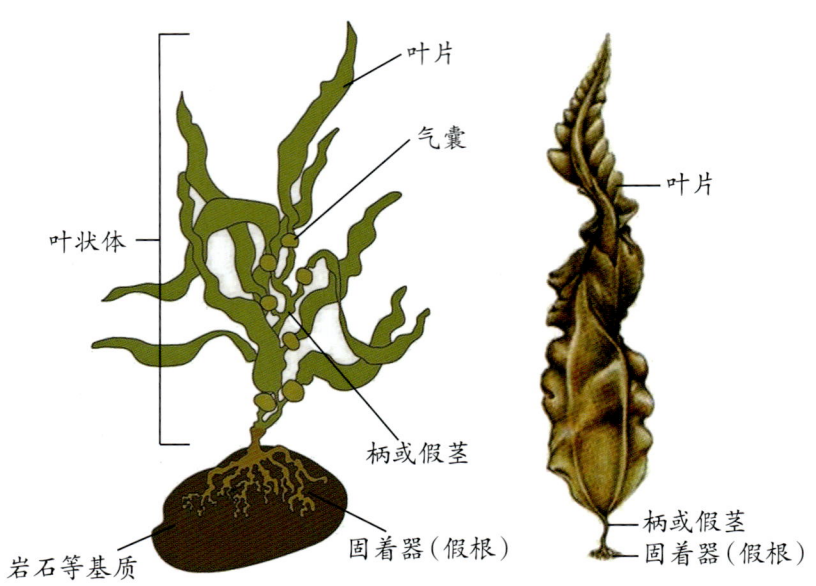

图 17　大型底栖海藻的外形结构

三、海藻的分类

大型海藻包括绿藻门、褐藻门和红藻门3个门，各门的分类依据为其体内的色素种类。

所有的藻类都含有绿色色素——叶绿素。其中绿藻门的种类只含有叶绿素，故藻体表现为一致的纯绿色，如石莼（图18）、肠浒苔（图19）、礁膜。绿藻门现生种类有7300余种，只有2500余种分布在海洋。

图 18　石莼

图 19　肠浒苔

褐藻门的种类除了含有叶绿素，还含有褐藻黄素（也称为岩藻黄素），故藻体颜色从橄榄绿色到深褐色不等，如常见的裙带菜（图20）、半叶马尾藻（图21）、海带。现生种类有4380余种，其中2630余种分布在海洋。

图20　裙带菜

图21　半叶马尾藻

红藻门含有的其他色素为藻红素和藻蓝素。藻红素呈红色，藻蓝素（也称为藻蓝蛋白）呈蓝色。因所含两种色素的比例不同，故不同种类的红藻，颜色常从红色到蓝绿色不等，但以红色为主，如真江蓠（图22）、紫菜、珊瑚藻（图23）。现生种类有7960余种，有近7600种分布在海洋。

图22　真江蓠

图23　珊瑚藻

四、海藻的繁殖

藻类的繁殖比较复杂，常见的有营养繁殖、无性生殖和有性生殖3种方式。此外，绿藻门中的一些高等种类，还有接合生殖、孤雌生殖等。

营养繁殖，没有"生殖细胞"。这种繁殖方式主要发生在单细胞藻类，通过细胞分裂，藻类产生新的个体，其特点是繁殖速度极快。赤潮生物多数以此方式繁殖。

当营养变得稀缺或环境开始变得不良时，许多单细胞藻类会重新进行有性生殖，形成"合子"，继而产生一个厚壁的休眠细胞，沉淀在水底，以此度过不良时机（最长可达数年）。当环境变得有利时，休眠细胞再破壁、发芽，开始无性生殖，如图24所示。在一个周期内，一个细胞可快速扩增到6000~8000个细胞。

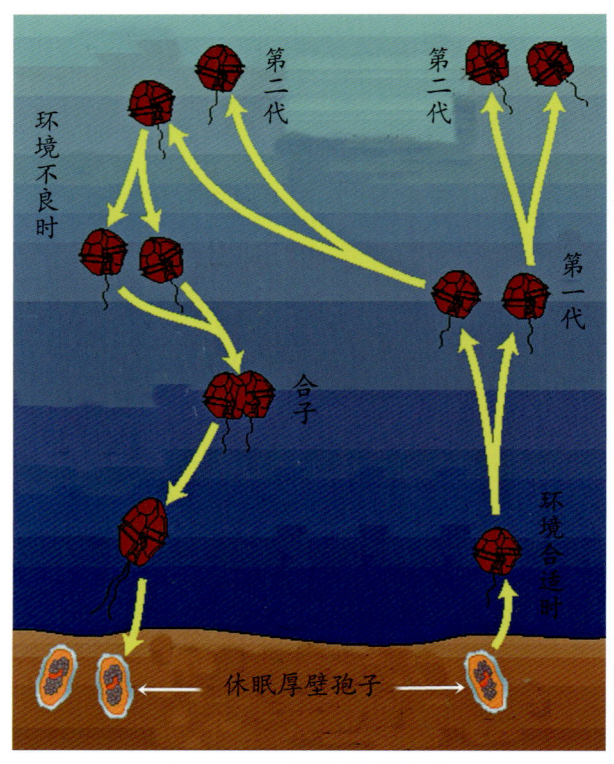

图 24　甲藻的营养繁殖

许多藻类，如漂浮的马尾藻，在漂浮过程中借助海浪的冲击，断裂出一部分藻体，这些藻体在脱离母体后生长发育成新的个体。这是马尾藻等藻类的一种营养繁殖方式，与许多高等植物相似。

有些藻类，如黑顶藻属中的种类（图25），有一种特殊的营养繁殖方式，即在一定的时期，藻体上会长出一种特殊的小段，称为生殖小枝，常呈二叉形、三叉形或楔形，这种生殖小枝脱离母体后就会附着在某些基质上，各自长成一个新个体。

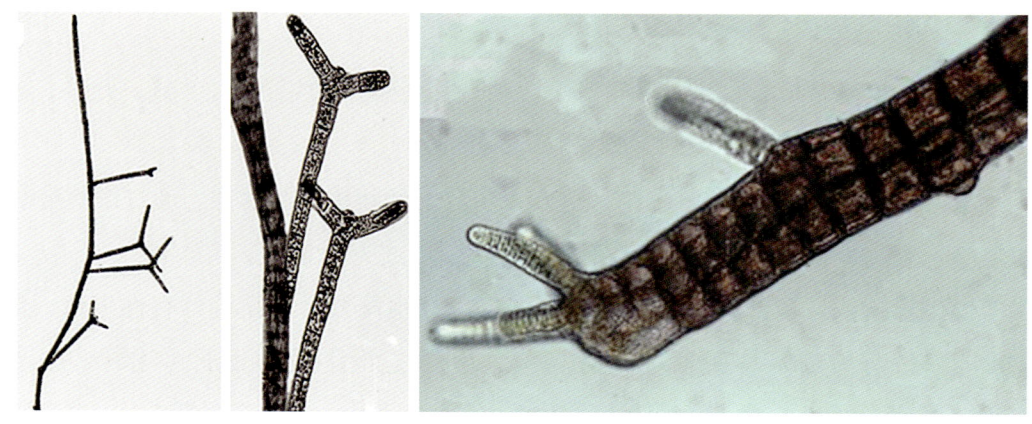

图 25　黑顶藻的生殖小枝

无性生殖是海藻最复杂的一种繁殖方式,其基本原理是通过孢子萌发得以繁殖。

孢子是一类无性生殖细胞,依据其形成的位置、形态、功能及运动能力,常分为单孢子、四分孢子、内生孢子、外生孢子、似亲孢子、异形孢子、厚壁孢子、休眠孢子、不动孢子(也称为静孢子)、动孢子(也称为游动孢子)等,不同的藻类产生的孢子各有不同。

无论是单细胞藻类还是多细胞藻类,凡能产生孢子的细胞特称为孢子囊。单孢子、四分孢子是根据一个孢子囊内产生孢子的数量来区分的;内生孢子、外生孢子是指形成孢子的孢子囊在藻体上的部位;似亲孢子即其外形与原营养细胞相似;异形孢子是指孢子与正常细胞相差较大;厚壁孢子为特殊的一种孢子,具有很厚的壁,主要应对不利环境,常用于休眠,也称为休眠孢子;有些孢子具有鞭毛,特称为动孢子或游动孢子,而不动孢子或静孢子则没有鞭毛,通常只能随流漂浮。

产生单孢子的细胞称为单孢子囊,有些孢子囊内的孢子经过两次分裂,变成4个孢子,因而称为四分孢子囊。随着藻体的生长,孢子也逐渐成熟,最后"破壁"而出。

红藻门种类的无性生殖过程没有游动孢子,除多管藻有四分孢子外,其余均为单孢子(图26)。

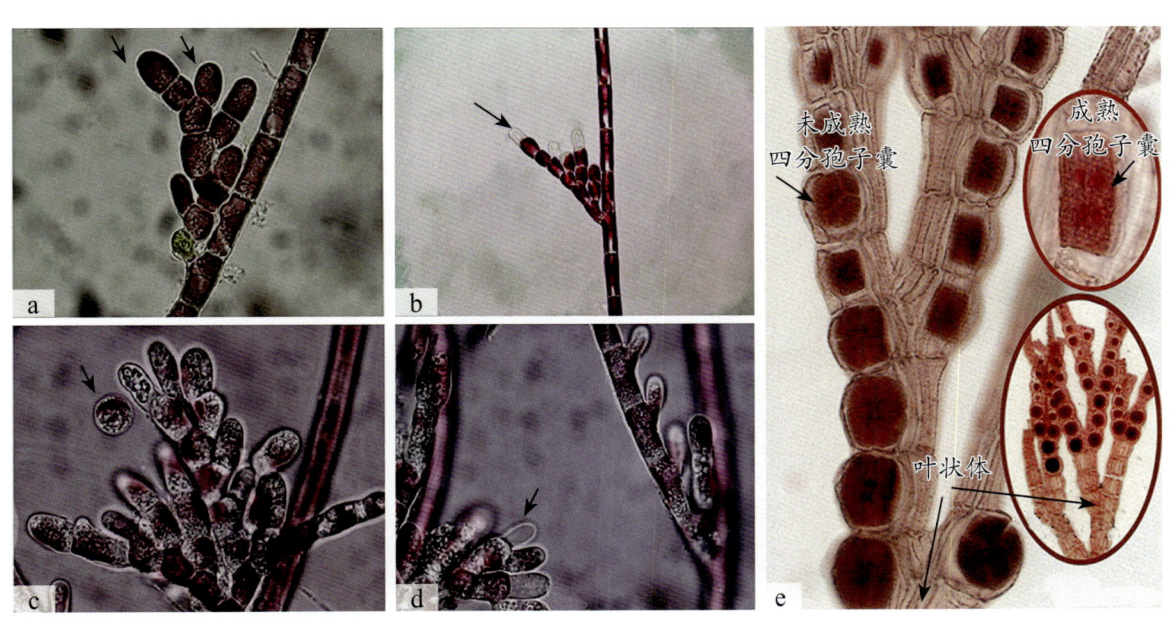

图26 红藻门台湾寄丝藻的无性生殖

a.成熟单孢子囊 b.单孢子释放后的空囊 c.游离中的单孢子 d.空囊
e.多管藻四分孢子囊

在褐藻门中,除了网地藻目、岩藻目,其他各目都以游动孢子进行无性生殖。游动孢子外观呈梨形,具有两条不等长的侧生鞭毛,内有一个核、一个色素体和一个眼点。游动孢子产生于单室孢子囊和多室孢子囊中(图27)。

单室孢子囊由一个体细胞形成，该细胞也称为囊母细胞，含单核。随着生长，细胞向外突出并逐渐膨大，细胞核经过多次分裂，产生2、4、8、16、32、64或128个子核。核的第一次分裂为减数分裂，在核分裂停止后细胞质也分裂成与细胞核同数目的原生质块，每块中有1个细胞核。原生质块经过变态形成具有不等长侧生双鞭毛的游动孢子。孢子囊成熟后，游动孢子通过囊壁顶端的小孔逸出，萌发成配子体。

多室孢子囊在囊母细胞经过多次横纵分裂时产生了隔壁，形成许多小室，小室内含1～2个游动孢子。当多室孢子囊成熟时，内部隔壁逐渐溶解消失，变成一个圆锥形的囊体，游动孢子通过囊顶或侧面的小孔逸出。

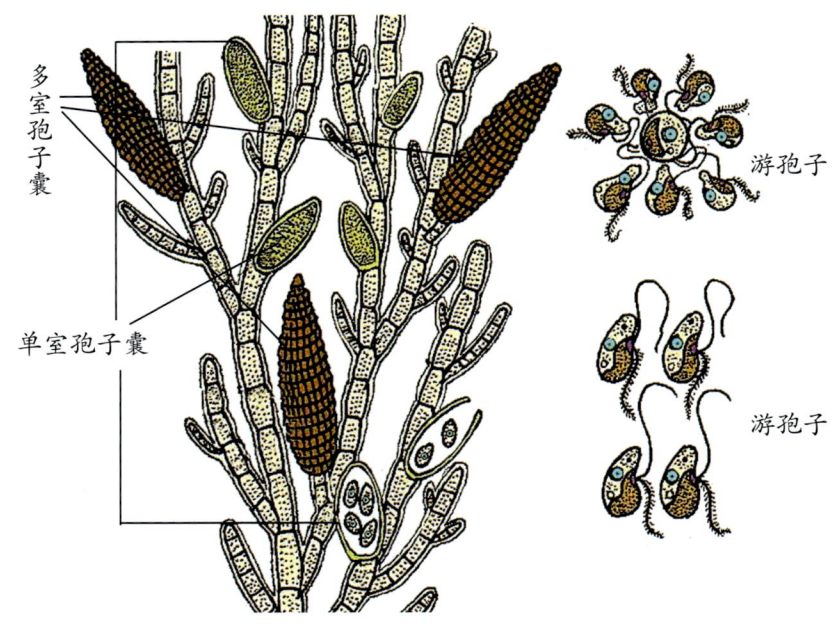

图 27　褐藻类的单室孢子囊和多室孢子囊

海藻的有性生殖，也是通过孢子进行繁殖，但与无性生殖时的孢子不同，这类孢子是一类有性生殖细胞，在海藻学中特称配子。

与上述的孢子囊一样，产生配子的母细胞称为配子囊。配子有雌雄之分，两个配子结合形成的细胞称为合子，此过程也称为受精。根据结合的两个配子的大小、形状和行为，有性生殖可分为同配生殖、异配生殖和卵配生殖（图28）。

同配生殖是指形态和生理均相同的两个配子结合。异配生殖是指形态和结构相同，而大小和运动能力不同的两个配子结合，大的为雌配子，运动迟缓，小的为雄配子，运动迅速。卵配生殖是指形态、结构差异明显，大小和运动能力也不同的两个配子结合。卵配生殖的雌配子无鞭毛，不能运动，也称为卵；雄配子小，具鞭毛，能游动，也称为精子，并且精子和卵大多在专门的精子囊和卵囊中形成。卵配生殖是有性生殖最高级的类型，通常出现在高等的海藻中。

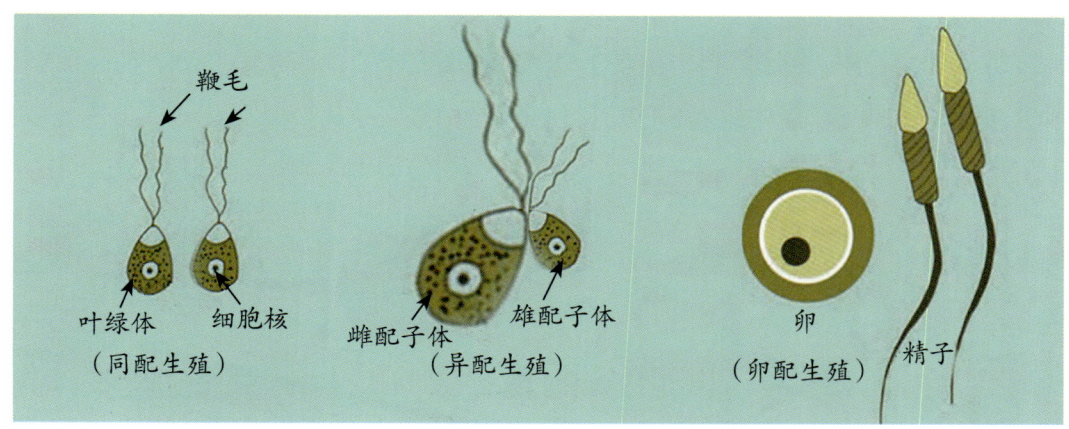

图 28 有性生殖中同配生殖、异配生殖和卵配生殖示意图

五、海藻的生活史

除了营养繁殖和无性生殖，在一些相对高等的藻类中出现了有性生殖，即通过有性的孢子——雌雄配子的结合即受精，变成合子，再由合子萌发成新一代的藻体。此过程出现了减数分裂。

减数分裂是生物细胞中染色体数目减半的分裂过程。通过减数分裂，由双倍体（$2n$）的原细胞变成单倍体（n）的生殖细胞。成熟的生殖细胞称为配子，为单倍体（n），雌雄配子结合后形成合子，为双倍体（$2n$）；由配子直接萌发的藻体为单倍体，称为配子体（n），而由双倍体的合子萌发的藻体为双倍体，称为孢子体（$2n$）。

海藻的有性生殖很复杂。一是有些种类的合子并不直接萌发成新的藻体，而是又产生孢子，再由孢子萌发成新的藻体。二是减数分裂发生的节点并不相同，可能发生在合子期，即合子减数分裂；或发生在形成孢子时，称为孢子减数分裂；也有可能发生在配子形成期，称为配子减数分裂。因此海藻生活史中有单倍体（n），也有双倍体（$2n$），甚至有单倍体与双倍体的世代交替。

合子减数分裂（图29）：减数分裂发生在合子期，合子通过减数分裂，然后萌发出单倍体的藻体，称为配子体（n）。

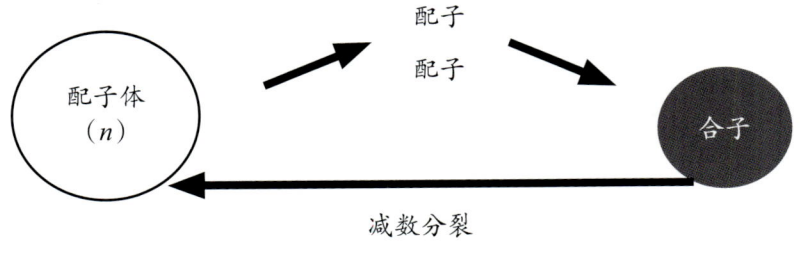

图 29 合子减数分裂

孢子减数分裂（图30）：孢子体减数分裂后不直接产生配子，而是产生单倍体的孢子，然后孢子直接萌发成配子体，配子体再产生配子，受精后形成合子，再萌发成双倍体的孢子体，从而出现单倍体的配子体与双倍体的孢子体的世代交替。

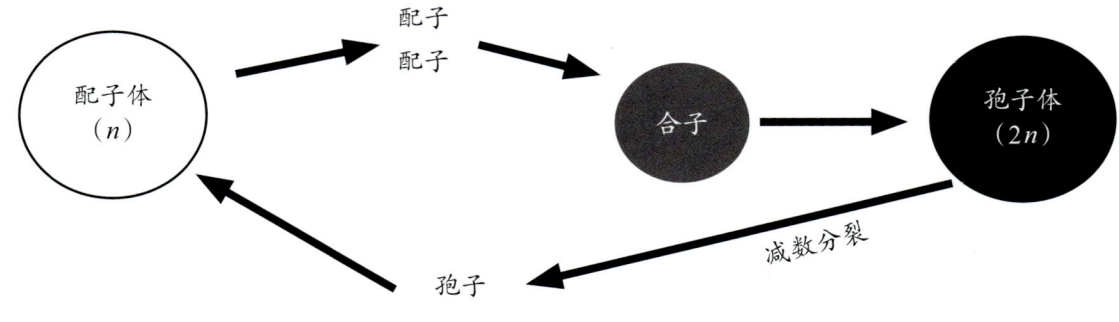

图30　孢子减数分裂

配子减数分裂（图31）：孢子体（$2n$）在产生配子时，发生减数分裂，2个配子结合成合子，由合子萌发的藻体为双倍体，即孢子体。

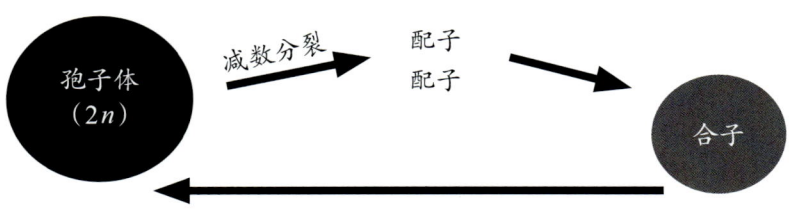

图31　配子减数分裂

许多海藻的一生，既有无性生殖，也有有性生殖，从而形成复杂的生活史。如我们常吃的紫菜、海带，其生活史中有孢子体和配子体，孢子体行无性生殖产生孢子，配子体则产生雌、雄配子，行有性生殖，这种不同的生活形态交替，称为世代交替。

有些海藻的孢子体和配子体外形相似，肉眼难以识别，即同形世代交替，如绿藻门的石莼、红藻门的龙须菜。褐藻门中的海带等，其孢子体的大小、外观与配子体相差极大，因此称为异形世代交替。

不同的海藻，其生活史大致可划分成以下类型：

（1）仅有营养体。没有有性生殖和减数分裂，如甲藻、硅藻等一些单细胞藻类。

（2）仅有单倍体世代。行无性生殖或有性生殖，或仅有一种生殖方式。在有性生殖过程中，减数分裂发生在合子形成后，即新植物体产生之前，如衣藻（图32）、团藻和丝藻。

（3）仅有双倍体世代。只行有性生殖，减数分裂发生在配子囊产生配子之前，如硅藻、褐藻门的鹿角藻类（图33）及绿藻门管藻目的一些种类。

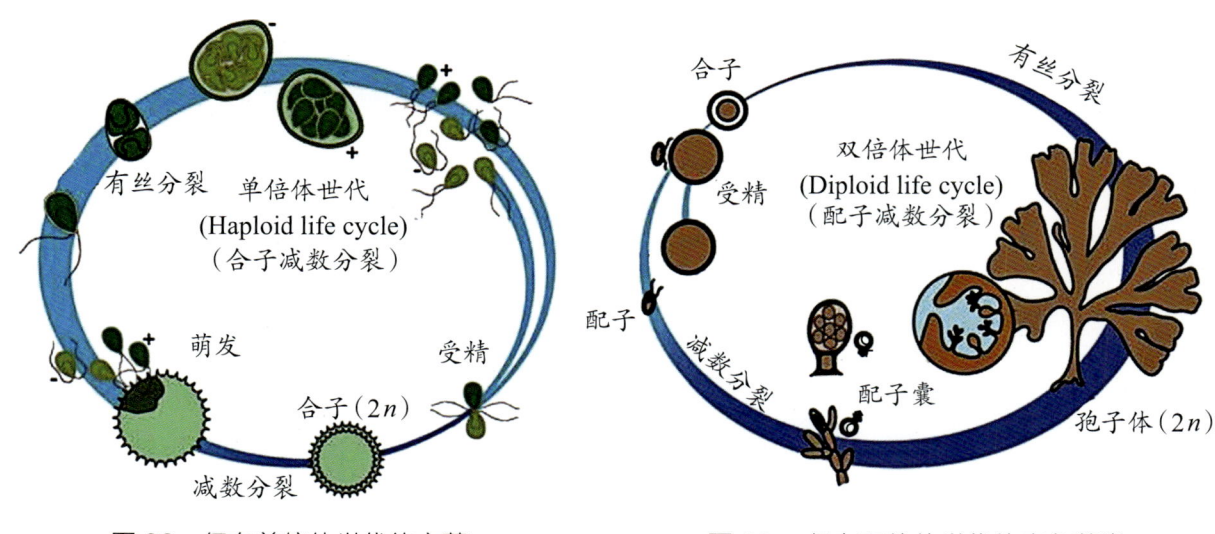

图32　仅有单倍体世代的衣藻　　　　　图33　仅有双倍体世代的鹿角藻类

（4）两个世代交替（图34）。两个世代包括双倍体的孢子体世代和单倍体的配子体世代。藻体可分别在两个世代中生存，并随条件的变化交替生存。孢子体世代是无性世代，配子体世代为有性世代。孢子体能分裂成单倍体的配子体，从而进入配子体世代，配子释放后受精形成合子，进一步发育成双倍体的孢子体，从而又进入孢子体世代。在这类交替中，不论是孢子体或是配子体都能发育成成熟的个体。但一般而论，单倍体的配子体比双倍体的孢子体相对要小。

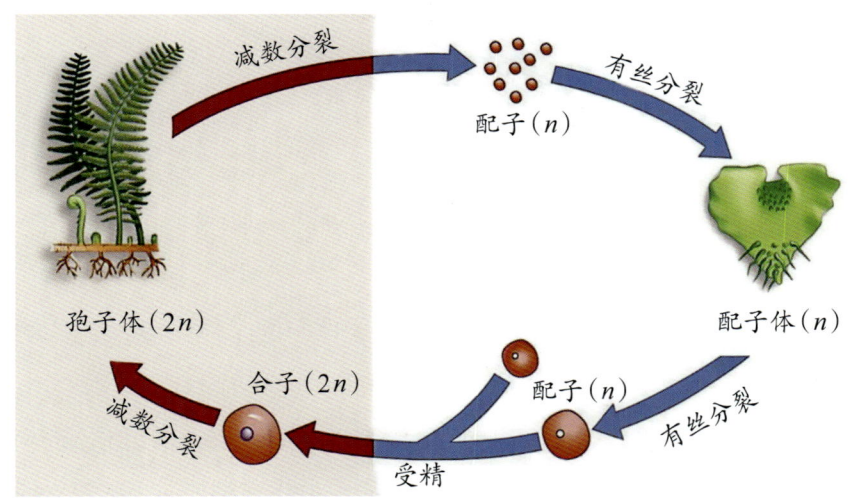

图34　两个世代交替生存

(5)三个世代交替。此为红藻门种类特有的生活史,相对复杂。三个世代包括双倍体的孢子体世代、单倍体的配子体世代以及果孢子体世代。

如紫菜,我们平常食用的个体为叶状体,即配子体(n),配子体成熟时产生果胞和精子囊,卵和精子结合受精后,形成果孢子($2n$),果孢子后发育成双倍体的果孢子体。果孢子体产生果孢子囊,然后萌发果孢子,但果孢子会钻入贝类、藤壶、管虫等动物的石灰质壳壁之中,萌发成杂乱的丝状体,称为贝壳丝状体($2n$),即孢子体世代,以前贝壳丝状体曾被人们误解为另一种藻类——壳斑藻。贝壳丝状体成熟后形成四分孢子囊,经减数分裂产生四分孢子,也称壳孢子(n),然后孢子萌发成单倍体的叶状体(图35)。

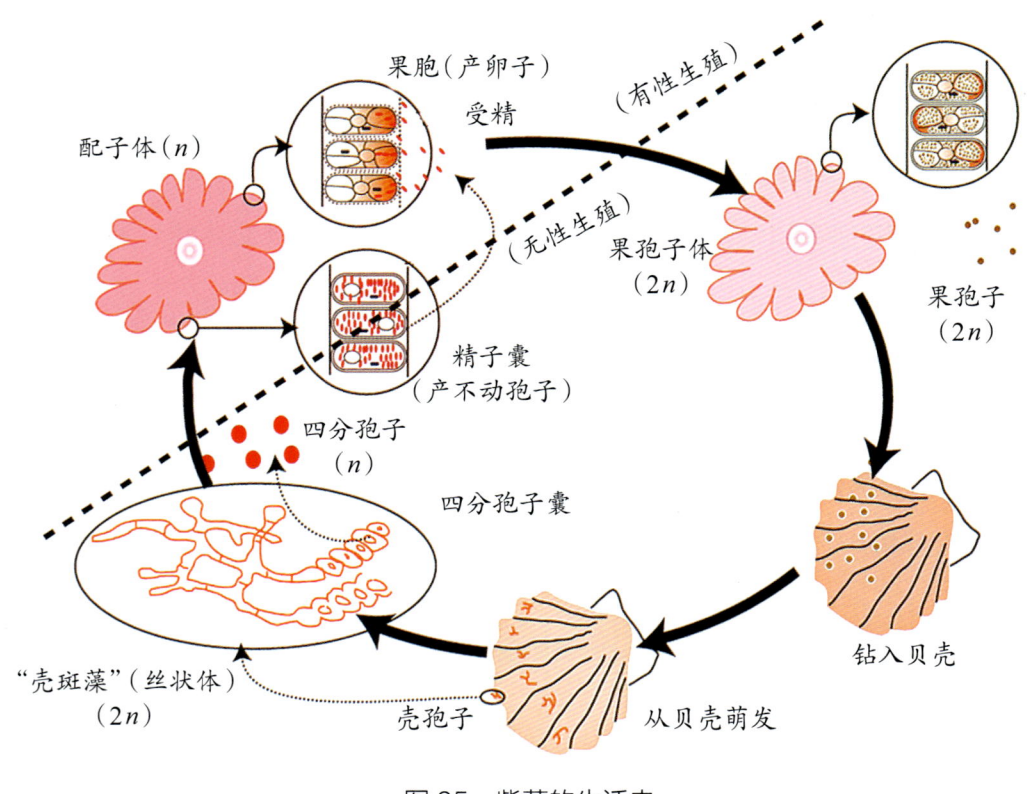

图35 紫菜的生活史

在有性生殖和无性生殖世代交替的过程中,若孢子体与配子体同形,则称为同形世代交替,否则称为异形世代交替。

绿藻类大多为同形世代交替,即生活史中,孢子体世代的藻体($2n$)和配子体世代的藻体(n)外形相同,如石莼属(图36)、浒苔属。少数种类也有异形世代交替,如小礁膜,孢子体($2n$)为叶状体,而配子体(n)则为盘状体;德氏藻的孢子体($2n$)为多核分枝的管状丝体,而配子体(n)是多核囊状体。

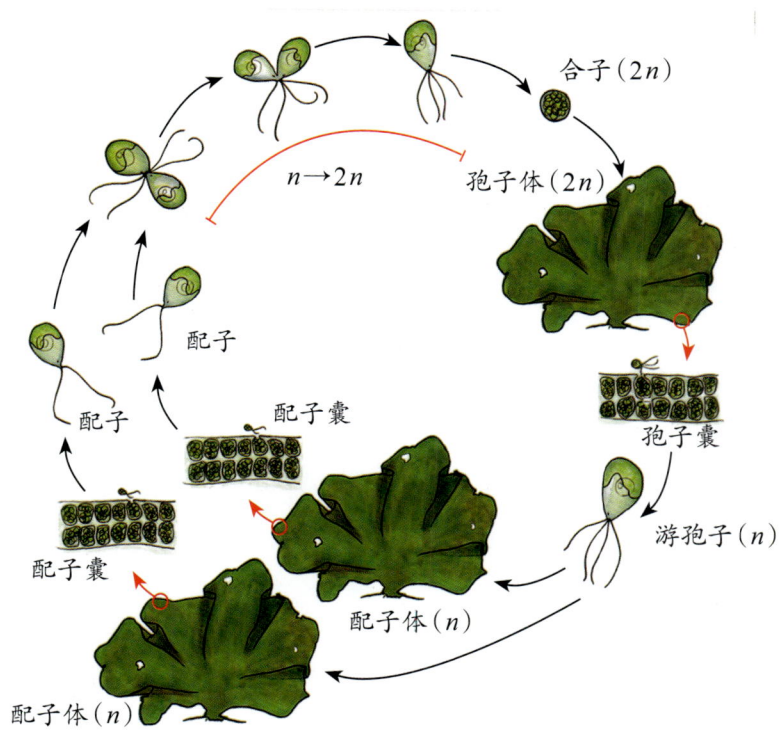

图 36　石莼属的同形世代交替

大多数褐藻为异形世代交替，如酸藻目、毛头藻目、网管藻目、海带目（图 37）。

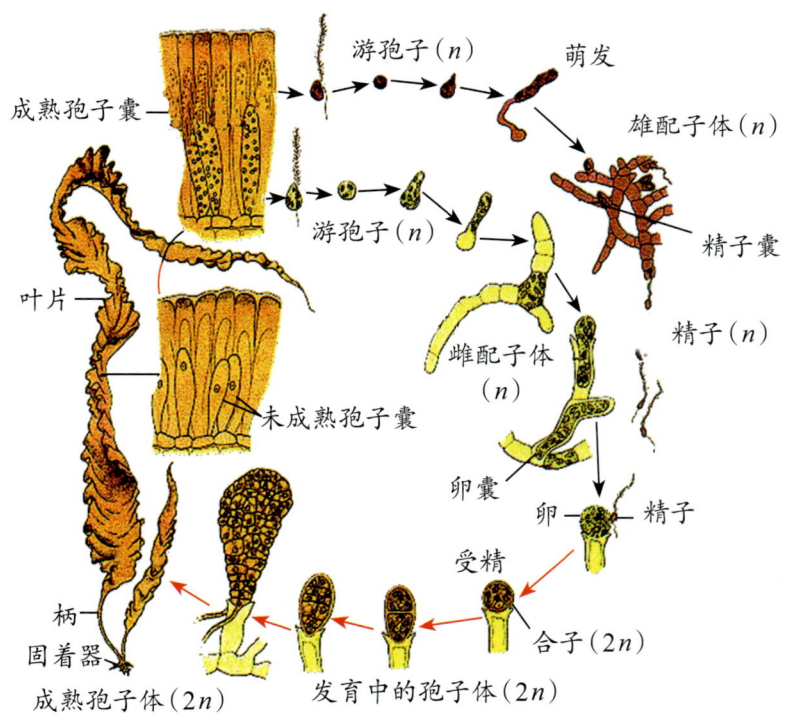

图 37　海带的异形世代交替

褐藻中的同形世代交替相对较少，如褐壳藻目、黑顶藻目，水云目的种类水云（图38）更为典型。

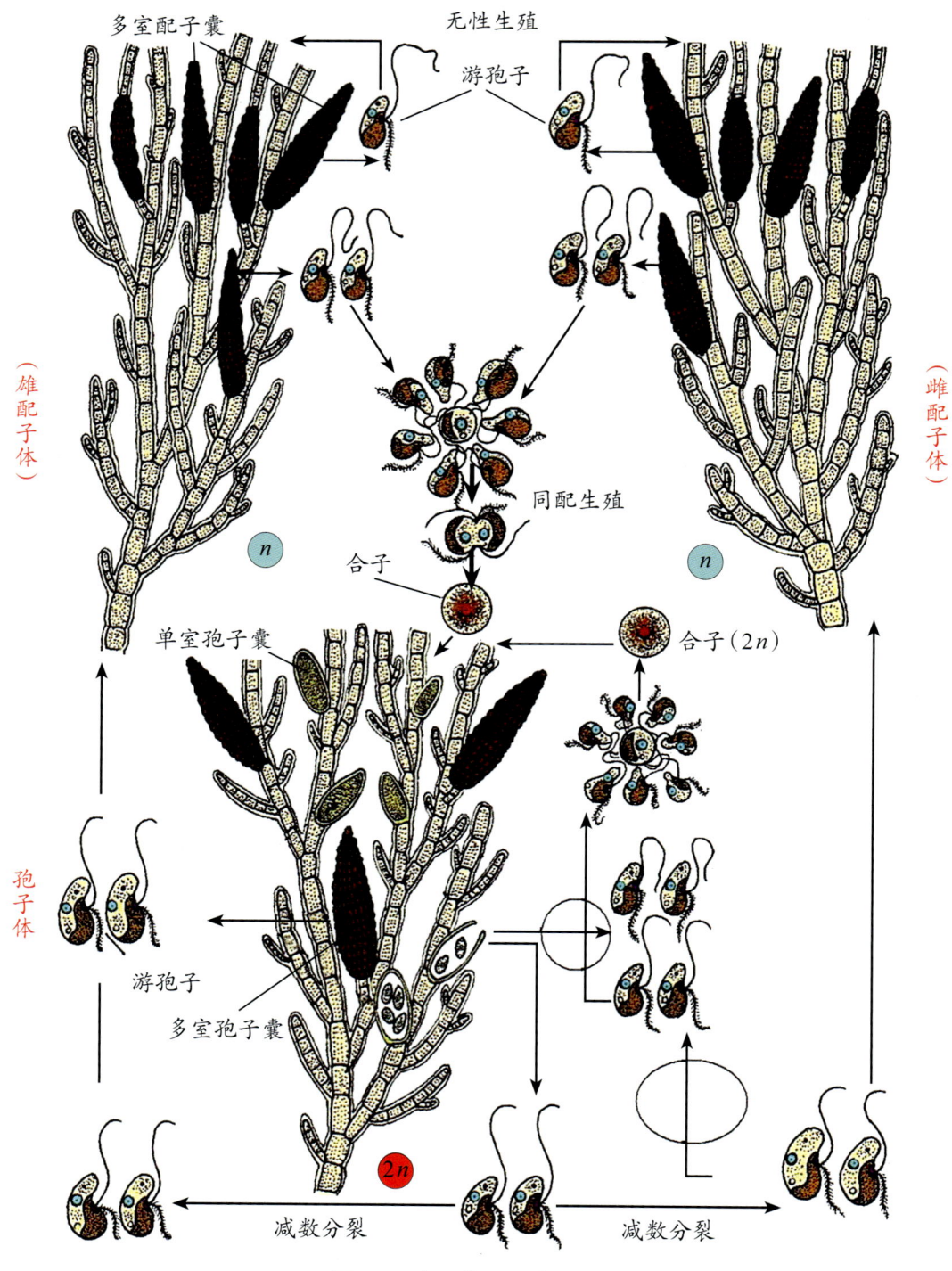

图38　水云的同形世代交替

此外，在海藻的生活史中，配子也常常可以未经过合子而直接萌发成叶状体，这种生殖方式称为孤雌生殖。孤雌生殖原本常见于一些低等动物，但在海带、石莼等经济海藻中也常存在。

六、海藻的分布

海洋藻类种类繁多，分布也极为广泛。

红藻门的种类最多，世界各海洋的沿岸都有其踪迹，尤以温带海区为多。大多数为世界广布种，地方种（特有种）较少，如我国浙江、福建目前养殖的坛紫菜为我国特有种，而江苏、山东、辽宁养殖的条斑紫菜则为日本的引进种。

从垂直分布来说，红藻门种类的栖息水层多数比绿藻门、褐藻门的更深，多见于低潮带至水深100 m、水质清澈的岩石或珊瑚礁上，个别种类最深可达250 m，是已知分布最深的藻类，故有"阴生植物"之称。但常见种类多数分布于浅海至潮间带，如麒麟菜、珊瑚藻，以及紫菜属、海萝属、石花菜属、江蓠属。有些种类对"暴晒"的抵抗能力较强，如坛紫菜、海萝则常见于高潮区；鸡毛菜、密毛沙菜的抗晒能力较差，主要分布在低潮区；有些种类，如江蓠，则在高潮区至低潮区都能分布。

红藻门种类的生长基质在自然状态下主要是岩礁、珊瑚礁、石砾及其他石灰质贝壳等，人工养殖条件下的基质主要是各类棕绳。此外，个别种类也能附生在其他藻体上，如内丝藻常寄生在粉枝藻中。

绿藻门有世界性分布的种类，如石莼、肠浒苔、条浒苔，广布于世界各海区，也有热带或亚热带性种类，如粗枝藻目、管枝藻目和管藻目的种类，分布于热带或亚热带的海洋中；尾孢藻属的多数种类为寒冷性海藻，分布于寒带或亚寒带的海区；岸生根枝藻、盘苔等温带性种类，分布于温带的海区。

多数绿藻生长在潮间带及浅海，如浒苔属、石莼属的种类，少数绿藻可生长于水深75～80 m，甚至水深100 m。多数绿藻也以岩礁、珊瑚礁、泥沙滩涂上的石砾及其他石灰质贝壳为生长基质，少数与其他动植物共生，也有在水中漂浮的种类，如浒苔属的一些种类。

褐藻门中也有我国的特有种，如常见的瓦氏马尾藻，而海带原本分布在日本北海道和亚欧大陆东北部库页岛，为冷温带性大型海藻，自20世纪20年代引入后已成为我国目前最主要的养殖种类。铁钉菜为北太平洋西部特有的亚热带性海藻，而半叶马尾藻则为北太平洋西部特有的暖温带性海藻。

绝大部分褐藻栖息于浅海水深20 m处、中低潮带的岩石上或石沼中，或附生在其他藻体上。

七、海藻与人类的关系

海藻与人类的关系，可谓既密切又复杂，主要可以概括为食用、药用等开发利用以及生态治理与环境保护。

我国利用海藻的历史源远流长，过去一直以食用和药用为主。沿海地区人民食用海藻的记载最早见于1700年前《吴都赋》，曾有记载"江蓠之属，海苔之类。纶组紫绛，食葛香茅。"

海藻的营养价值很高，不仅含有大量的蛋白质、糖类、脂肪、无机盐、维生素，还有牛磺酸、精氨酸、水溶性纤维素，以及钙、钾、镁、铁、锌、硒、碘等多种元素等。如石花菜，每百克干品中含蛋白质5.4 g、镁15 mg、钾141 mg、硒15.19 mg、维生素C 3.3 mg、维生素E 14.84 mg、维生素A 57 mg、糖类72.9 g、铁2 mg、磷209 mg、钙167 mg、锌1.94 mg、钠380.8 mg。

海藻通常还具备人体必需的8种氨基酸，以及远比普通蔬菜含量更高、更全的维生素，如维生素A、维生素B_1、维生素B_2、维生素B_6、维生素C等，因此对增强人体免疫力、抗肿瘤、降血脂、抗血凝、抑制血小板聚集都有一定的作用，从而利于心脑血管系统的健康。

海藻的药用价值在《神农本草经》和《本草纲目》等传统医学典籍中也都有记载，如江蓠、石花菜等海藻味甘、咸，性寒，归肺、脾、胃经，有清热解毒、清肺化痰、化瘀散结、润肠缓下、消痔止血、驱蛔虫之功效，主治肠炎、肛门周围肿瘤、肾盂肾炎、肺热咳嗽、瘿瘤、瘰疬、慢性便秘、支气管炎、痔疮出血、蛔虫病等。现代研究发现，其还有降脂、降糖、减肥、轻泻、抗病毒、排毒养颜及辅助治疗的作用。据2005年统计，具有类似药用功能的海藻，我国共有120种之多。

很多海藻具有工业、农业开发价值。如舟山民间俗称"叶花草"的石花菜，通过煎煮，可提取琼胶，或作为消暑凉品，更多的是作为食品添加剂，如悬浮剂、凝胶剂、稳定剂、透明剂、增稠剂、澄清剂，还可作为微生物的培养基。

海带是众所周知的"碘库"，从海带中"提碘"曾开启了我国藻胶工业的先河，目前我国主要养殖品种有海带、裙带菜、江蓠、紫菜、石花菜、羊栖菜等。据联合国粮食及农业组织（FAO）2020年统计，我国海藻鲜重总产量已达741万吨，约占全球总产量的60%，同时以海藻为原料的食品加工、海藻化工、保健品、海藻肥等产业也得到了长足的发展。

大型海藻是近岸海洋生态系统生态过程的重要驱动者之一，且其所形成的海藻场是海水中碳、氮、磷、氧物质循环的重要推手，能为众多海洋动物提供栖息及庇护空间，还是海洋动物摄食、生长和繁殖的场所。

大型海藻在生长、繁殖等生命活动的过程中，能不断吸收海水中包括溶解无机碳、硝酸盐和磷酸盐等多种无机物质,合成有机物,并释放相应量的氧气。据国外报道,巨藻对碳的吸收率可达 3.4 kg/(a·m^2),每克海带一小时最高能吸收氮、磷分别为 5.4 μg 和 1.1 μg;每平方米巨藻一天能净释放的氧气量最高可达 2.2 g,可见,其对维护近海生态环境功不可没。

海藻也是众多植食动物的食物,是海洋食物链中的重要一环。有些植食动物(图 39)直接啃食海藻,如海胆、鲍鱼、角蝾螺、儒艮、海龟、海鬣蜥以及很多鱼类,更多的植食动物是以有机碎屑为食,如端足类中的藻虾、藻钩虾。

图 39　部分海洋植食动物
a.海鬣蜥　b.海龟　c.儒艮　d.鹦鹉鱼

根据国内外对天然藻场和海藻养殖区底栖生物养护,碳吸收,幼鱼养护,缩小温差,减缓水流,减小光照,氮、磷吸收,提高渔业捕捞量等多项功能的研究,由大型藻类形成的海藻场是一类特殊的海洋生态系统。其具有相对稳定的水流、水温环境,以及柔弱的光线、充足的食物,还有良好的水质环境,从而吸引了一批"藻栖动物",它们以海藻为庇护,或躲避捕食者,或为安全繁殖后代,或以海藻为食,有的常年"定居"在大型海藻周围或缝隙之中,有的季节性迁徙借以"歇脚",或作为产卵场。因此,保护海藻场与海洋藻场建设已成为当前海洋生态环境修复的一种快捷途径。

当然，有些海藻如控制不当，在富营养情况下，也会出现"海藻潮"。如这几年黄海海域浒苔的暴发性繁殖，有人称之为绿潮（图40），就对海洋环境造成了严重影响。

图40　由浒苔引发的绿潮

各论

绿藻门 Chlorophyta

植物界最大的一个门，约有430属，17000种，多数物种生活在淡水中。在中国海域分布的绿藻，已有记载的约为194种。绿藻门在藻类中具有特殊的地位。其所包含的物种通常为绿色，细胞壁含纤维素和果胶，所含色素主要为叶绿素a、叶绿素b、叶黄素及胡萝卜素，此外，色素体中还含有淀粉核，淀粉核内是淀粉，为光合作用的产物。这些细胞学特征，都与高等维管束植物相似，因此，藻类学家认为，在整个植物进化系统中，与其他藻类相比，绿藻门与高等维管植物的亲缘关系更为接近。学者最初根据生殖细胞的形态结构和生殖方式，将绿藻门分为三个纲，即绿藻纲、接合藻纲和轮藻纲。后由于轮藻纲的特征与其他两个纲的特征相差较大，有些学者把轮藻纲提升为轮藻门，因此，绿藻门就仅包含绿藻纲和接合藻纲。这两个纲中只有绿藻纲内有生活于海洋的物种，接合藻纲全部生活于淡水中。因此，舟山群岛大型底栖绿藻门植物主要为绿藻纲。

绿藻纲 Chlorophyceae

藻体形态多样，有单细胞的游动型和不游动型，群体的游动型和不游动型，丝状体的分枝型和不分枝型，还有叶状体和管状多核体。细胞核单个或多个。叶绿体的形态有星状、片状、环状、网状或粒状，中轴生或侧生。运动细胞一般具有2根顶生等长的鞭毛，少数种类有4根，极少数物种有1根、6根、8根或一轮环状排列的鞭毛。繁殖方式为营养繁殖、无性生殖和有性生殖。无性生殖产生游动孢子、不动孢子、厚壁孢子。有性生殖多数为同配生殖、异配生殖，少数为卵配生殖。

一、羽藻目 Bryopsidales Schaffner

藻体异形，完全或大部分为多核体。孢子体通常多分枝，配子体很小，丝状、卵形或囊状。孢子体的细胞壁含甘露聚糖，配子体的细胞壁含木聚糖。叶绿体含淀粉核或无。

（一）羽藻科 Bryopsidaceae Bory de Saint-Vincent, 1829

配子体管状，直立，细胞多核。1～2回羽状分枝，羽枝二列或辐射排列，分枝无隔膜，细胞壁含纤维素。孢子体丝状，匍匐，一般分枝。有性生殖为异配生殖。配子具2根鞭毛，配子囊形成于普通小枝上。无性生殖时，孢子体的丝状体中部形成多鞭毛的游动孢子。本科浙江记载有1属6种。

1 假根羽藻
Bryopsis corticulans Setchell, 1899

分类地位 绿藻纲 Chlorophyceae，羽藻目 Bryopsidales，羽藻科 Bryopsidaceae

形态特征 藻体深绿色，具光泽，由匍匐的假根和向上生长的羽状直立枝组成，高4～6 cm。有1稍明显的主轴，直径0.6～0.8 mm，上生许多分枝，分枝呈羽状排列，质稍硬。营养繁殖时，发育完全的小羽枝在基部形成横隔膜，与主轴隔开，形成明显的假根状突起；凋落后，环境适宜时，这种小羽枝可营养繁殖成新藻体。此外，根状枝分段脱落后，可各自分生成新个体。雌雄异体，雄配子囊黄绿色，雌配子囊深绿色，肉眼可识别。

生态习性 生长在岩礁质潮间带或其他藻体上。生长盛期为5—7月。

地理分布 国外分布于日本、美国大西洋沿岸。国内分布于辽宁、山东、浙江、河北。浙江沿海常见种，舟山产于嵊泗、东极、朱家尖等地。

假根羽藻

2. 丛簇羽藻
Bryopsis duplex De Notaris, 1844

分类地位 绿藻纲 Chlorophyceae，羽藻目 Bryopsidales，羽藻科 Bryopsidaceae

形态特征 藻体绿色，具光泽，由匍匐的假根和向上长出的羽状直立枝组成，主轴不明显，上生许多分枝，分枝呈羽状排列。植株矮小，主枝高 6～9 mm，羽枝细毛状，直径 0.6～0.7 mm，主枝与羽枝不易区分。

生态习性 生长在海礁、低潮线附近的岩石上。在海洋藻场建设中，该种常会缠绕大型海藻，并与之争夺饵料与空间，属于污损生物。

地理分布 国外分布于日本、美国大西洋沿岸。国内分布于辽宁、山东、浙江、河北。浙江沿海常见种，舟山产于嵊泗、东极、朱家尖等地。

丛簇羽藻

3 藓羽藻
Bryopsis hypnoides J. V. Lamouroux, 1809

分类地位 绿藻纲Chlorophyceae，羽藻目Bryopsidales，羽藻科Bryopsidaceae

形态特征 藻体浅绿色，丛生，直立，柔软，不规则重复分枝，高4～10 cm，直径0.65～1.4 mm，自基部向顶部逐渐变细。主分枝基部常常产生假根丝。羽枝细小，互生，多数可再分枝。小枝一般细长，向顶渐尖、细，基部缢缩成对称的圆形，直径40～80 μm，长短不一，排列不规则，呈散布模式。雌雄异体，雄配子囊黄绿色，雌配子囊深绿色。生活史为配子体发达的异形世代交替。

生态习性 生长在中潮带或低潮带的礁石上或石沼中。1年生或多年生。

地理分布 国外分布于日本、美国大西洋沿岸。国内分布于辽宁、山东、浙江、河北。浙江沿海常见种，舟山见于普陀、嵊泗、东极。

藓羽藻（依 Taiju Kitayama 等）

4 大羽藻
Bryopsis maxima Okamura ex Segawa, 1956

分类地位 绿藻纲 Chlorophyceae，羽藻目 Bryopsidales，羽藻科 Bryopsidaceae

形态特征 藻体较大，深绿色，具光泽，直立，丛生，高 5～10 cm，最高可达 15 cm。羽枝披针状，分列主轴两侧，下部长，上部短。雌雄异体，雄配子囊黄绿色，雌配子囊深绿色。生活史为配子体发达的异形世代交替。

生态习性 生长在中、低潮带附近的岩石或其他海藻上，多见于石沼或水潭内。1年生或多年生。

地理分布 国外分布于日本、美国大西洋沿岸。国内分布于辽宁、山东、浙江、河北。浙江沿海常见种，舟山见于普陀、嵊泗、东极。

大羽藻

5 羽状羽藻
Bryopsis pennata J. V. Lamouroux, 1809

分类地位 绿藻纲 Chlorophyceae，羽藻目 Bryopsidales，羽藻科 Bryopsidaceae

形态特征 藻体深绿色，具光泽，单细胞管状多核体，直立，丛生，高 4～8.5 cm。外形与假根羽藻相似，羽枝披针状，分列主轴上部两侧，在与主轴相连的基部缢缩，主枝下部裸露，无分枝，主枝直径 240～360 μm，羽枝直径 75～150 μm。雌雄异体，雄配子体黄绿色，雌配子体深绿色。

生态习性 一般生长在低潮带的岩石上或石沼中。1 年生或多年生。

地理分布 国外分布于日本、美国大西洋沿岸。国内分布于辽宁、山东、浙江、河北。浙江沿海常见种，舟山产于嵊泗。

羽状羽藻（依 CalPhotos.Berkeley 等）

6 羽藻
Bryopsis plumosa (Hudson) C. Agardh, 1823

同物异名 *Ulva plumosa* Hudson, 1778

分类地位 绿藻纲 Chlorophyceae，羽藻目 Bryopsidales，羽藻科 Bryopsidaceae

形态特征 藻体草绿色，具光泽，外形与假根羽藻相似，植株相对较矮，高 5~7 cm，主枝直径约 1 mm。羽枝分列主轴两侧，有规则或无规则，藻体基部有向下生长的分枝状假根固着在基质上。主枝直径 240~360 μm，羽枝直径 75~150 μm。雌雄异体，雄配子囊黄绿色，雌配子囊深绿色。

生态习性 一般生长在低潮带的岩石上或石沼中。1 年生或多年生。

地理分布 国外分布于日本、美国大西洋沿岸。国内分布于辽宁、山东、浙江、河北。浙江沿海常见种，舟山产于嵊泗、东极等地。

羽藻

（二）松藻科 Codiaceae Kützing, 1843

藻体深绿色，海绵质，平卧或直立，球形或分枝，由管状、多核的细胞组成。分枝圆柱形或扁平，单条或叉状分枝，或分节，或含石灰质。藻体内部存在游离或缠绕的分枝，后者的外侧小枝形成栅状层。除生殖器官形成部位外，无隔膜。固着器由假根组成。叶绿体侧生，盘状，不含淀粉核。少数属种无性生殖产生具2根鞭毛的游动孢子。有性生殖为异配生殖，配子具2根鞭毛。

7. 刺松藻
Codium fragile (Suringar) Hariot, 1889

地方名	刺海松、软软菜
同物异名	*Acanthocodium fragile* Suringar, 1867
分类地位	绿藻纲 Chlorophyceae，羽藻目 Bryopsidales，松藻科 Codiaceae
形态特征	藻体墨绿色，高 10～30 cm，基部为大盘状的固着器，上部为圆柱形叉状分枝，呈扇形排列。藻体内部为由无色分枝丝状体交织而成的中央髓部，类似"海绵体"结构，外部为由丝状体顶端膨大而成的囊体，紧密排列成栅状的"皮层"。
生态习性	直立或匍匐生长在低潮带岩石上，偶见于贻贝筏架上，往往集生成大群。多年生，全年均可生长，尤以夏季为盛。
地理分布	国外分布于太平洋、大西洋、印度洋、白令海、大洋洲等地。国内产于渤海、黄海沿岸，东海较少，主要分布于浙江、福建等地。舟山产于嵊泗、普陀等地。

刺松藻

二、刚毛藻目 Cladophorales

藻体丝状，分枝或不分枝，枝相互分离，有些侧面相连接，在一个平面上呈网状。细胞一般为圆柱形或圆桶形，高为直径的一至数倍，甚至数十倍，多核。顶端生长或居间生长。叶绿体网状，侧生，含1个或数个凸透镜状的淀粉核。营养繁殖以丝体的裂断最为普遍。无性生殖有两种，一种是形成游动孢子，另一种是形成厚壁孢子。同形世代交替，配子体产生具2根鞭毛的同形配子（少数异形），孢子体产生具4根鞭毛或2根鞭毛的游动孢子。

（三）刚毛藻科 Cladophoraceae Wille, 1884

藻体直立，少数匍匐，固着生活或浮游生活。单条或分枝的丝状体，由单列细胞组成。藻体基细胞延长成假根状固着器。细胞多核，顶端生长或居间生长。叶绿体多数，密集，网状，含双面凸透镜状的淀粉核。同形世代交替，孢子体产生具4根鞭毛或2根鞭毛的游动孢子。

8 气生硬毛藻
Chaetomorpha aerea (Dillwyn) Kützing, 1849

同物异名 *Conferva aerea* Dillwyn, 1806

分类地位 绿藻纲 Chlorophyceae，刚毛藻目 Cladophorales，刚毛藻科 Caldophoraceae

形态特征 藻体绿色至深绿色，呈不分枝的细长丝状体，单生或丛生，高10～30 cm。营固着生活，基部具有盘状或假根状的固着器。丝状体由长筒状或短筒状的细胞组成，细胞壁厚而硬，通常有明显的层次，内含多核。有一个具许多孔的叶绿体，常分裂为许多小盘状，具多个淀粉核。生活史多数为同形世代交替。无性生殖时，孢子为具4根鞭毛的游动孢子，或藻体的细胞壁加厚，形成厚壁孢子。有性生殖时，产生具2根鞭毛的同形配子，配子结合形成合子，合子萌发成新的藻体，有的配子可行孤雌生殖。此外，多年生的休眠根部也可长出新藻体。

生态习性 一般生长在中、低潮带石沼中或固着于岩石上。

地理分布 国外分布于俄罗斯、朝鲜、韩国、日本、澳大利亚及印度洋、大西洋。国内分布于辽宁、山东、江苏、浙江、福建等地。浙江沿海常见种，舟山各岛均有零星分布。

气生硬毛藻（依《日本海藻图鉴》）

9 硬毛藻
Chaetomorpha antennina (Bory) Kützing, 1847

同物异名 中间硬毛藻 *Chaetomorpha media*

分类地位 绿藻纲 Chlorophyceae，刚毛藻目 Cladophorales，刚毛藻科 Caldophoraceae

形态特征 藻体深绿色，直立，丛生，高7～10 cm，直径150～500 μm，为单列细胞的丝状体。支撑藻体的基细胞粗壮，棍棒形，长400～525 μm，直径8～50 μm，其下有一个发达的假根，以此固定在岩礁等坚硬的基质上。在假根上或基部细胞的侧壁上常萌生出新的幼体。游动孢子囊由藻体上部的营养细胞形成。

生态习性 一般生长在低潮带，固着于波浪冲击度大的岩石或贝壳上。国内多生长于3—6月。

地理分布 国外分布于日本、马来西亚、越南、印度尼西亚及加勒比海、印度洋等地。国内分布于浙江、福建、台湾、广东、广西和海南，为东海、南海习见种。浙江沿海少见种，舟山嵊山附近岛礁有少量分布。

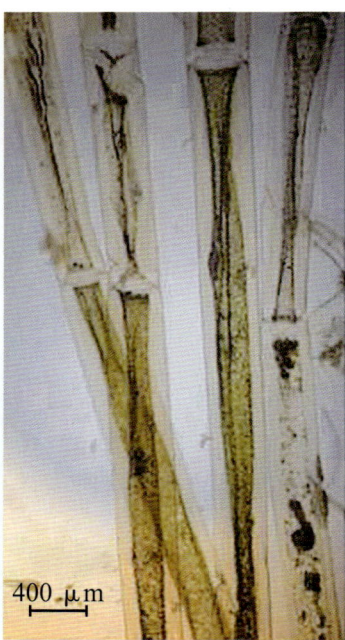

硬毛藻

10 短节硬毛藻
Chaetomorpha brachygona Harvey, 1858

分类地位 绿藻纲Chlorophyceae，刚毛藻目Cladophorales，刚毛藻科Caldophoraceae

形态特征 藻体绿色或深绿色，高3～5 cm，直径100～110 μm，为单列细胞丝状体，丛生成簇。直立或斜卧，老体纠缠，有的多株扭曲在一起。固着器盘状，由基细胞下端形成，基细胞上部宽，下部窄。其他特性与气生硬毛藻相同。

生态习性 一般生长在低潮带小石沼中，或在低潮线附近固着于岩石上。

地理分布 国外分布于朝鲜、韩国、日本、菲律宾及北大西洋、北美洲东海岸。浙江沿海少见种，舟山嵊山附近岛礁有少量分布。

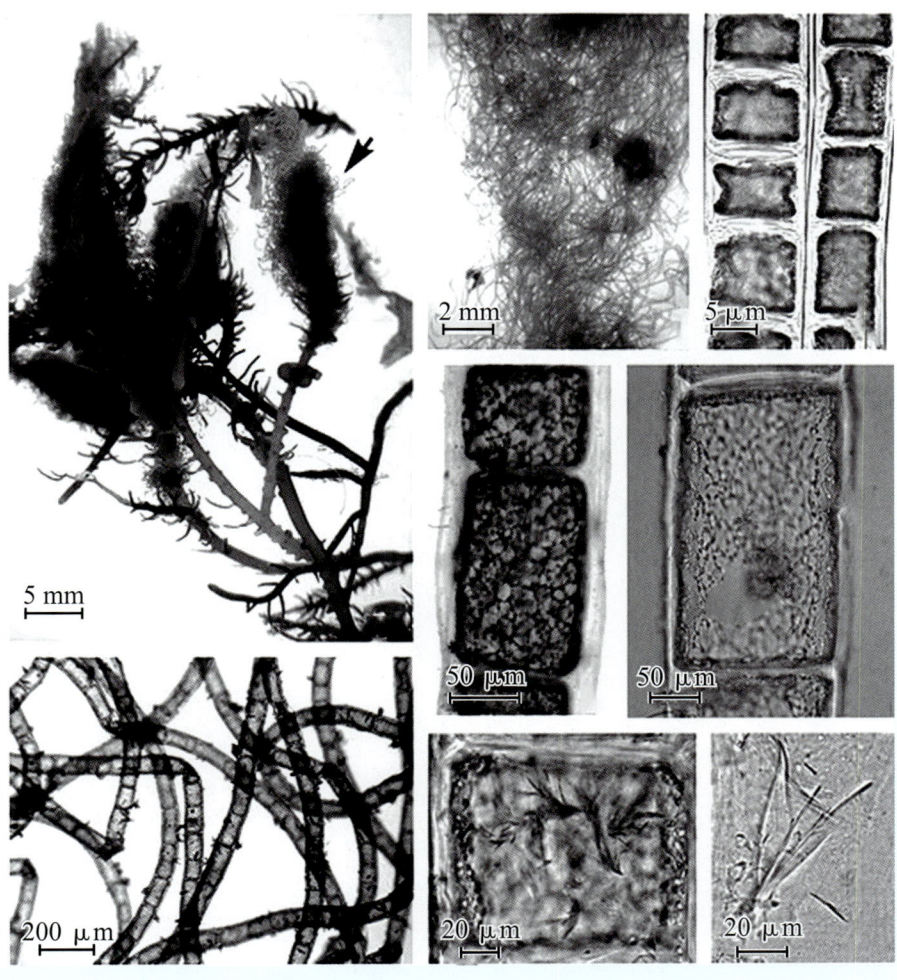

短节硬毛藻（依Aigara Miranda Alves）

11. 线形硬毛藻
Chaetomorpha linum (O. F. Müller) Kützing, 1845

同物异名 *Conferva linum* O. F. Müller, 1778

分类地位 绿藻纲 Chlorophyceae，刚毛藻目 Cladophorales，刚毛藻科 Caldophoraceae

形态特征 藻体呈黄褐色至暗绿色，线形，多纠缠成团块，漂浮或缠绕在其他基质上。由单列细胞组成，不分枝，高10 cm以上。基细胞不明显，营养细胞短圆柱形，宽125~300 μm，长为宽的六分之一至两倍，节部略有收缩或平滑不缢缩。叶绿体片状或碎片状，淀粉核多个。其他特性与气生硬毛藻相同。

生态习性 一般生长在低潮线下，附着于其他海藻上。

地理分布 国外分布于朝鲜、韩国、日本、澳大利亚及北美洲西海岸、所罗门群岛、印度洋、大西洋。国内分布于山东、台湾、福建、海南等地。浙江沿海少见种，舟山嵊山附近岛礁有少量分布。

线形硬毛藻（依《日本海藻图鉴》）

12 螺旋硬毛藻
Chaetomorpha spiralis Okamura, 1903

分类地位 绿藻纲 Chlorophyceae，刚毛藻目 Cladophorales，刚毛藻科 Caldophoraceae

形态特征 藻体蓝绿色至深绿色，具光泽，为长丝状单列细胞，无分枝，质地硬，幼时卷曲。高20~70 cm，直径0.5~2.5 mm。藻体下部呈螺旋状扭转，常缠绕成块状。基部有少量分枝的假根固着于基质上，假根短而顶端钝。靠近基部的藻体呈明显螺旋状卷曲，体细胞横壁处缢缩，呈念珠状或近圆桶状。繁殖习性与气生硬毛藻相同。

生态习性 生长在低潮带下，附着于岩石上，多数缠绕在其他海藻上。

地理分布 国外分布于日本、朝鲜、韩国、马来西亚、印度尼西亚、印度、巴基斯坦、索马里、美国等地。国内分布于浙江、福建、广东和海南等地。浙江沿海习见种，舟山产于嵊泗、东极、普陀等地。

螺旋硬毛藻

13 苍白刚毛藻
Cladophora albida (Nees) Kutzing, 1843

同物异名 *Annulina albida* Nees, 1820

分类地位 绿藻纲Chlorophyceae，刚毛藻目Cladophorales，刚毛藻科Caldophoraceae

形态特征 藻体黄绿色，细弱柔软，高10~30 cm，主枝直径40~60 μm，为单列细胞丝状体，分枝有二分叉或三分叉，小枝多偏生，有的稍弯曲。各分枝与小枝密集缠绕在一起，丛生。固着器假根状，由主干基部生出，假根多分枝。繁殖习性与气生硬毛藻相同。

生态习性 生长在低潮带，着生于岩石或其他海藻上。

地理分布 国外分布于朝鲜、韩国、日本、美国太平洋沿岸、地中海、大西洋。国内分布于辽宁、浙江、海南等地。舟山产于嵊泗、东极、普陀等地。

苍白刚毛藻（依 iNaturalist 等）

14 曲褶刚毛藻
Cladophora flexuosa (O. F. Müller) Kützing, 1843

地方名	曲刚毛藻
同物异名	*Conferva flexuosa* O. F. Müller, 1782
分类地位	绿藻纲 Chlorophyceae，刚毛藻目 Cladophorales，刚毛藻科 Caldophoraceae
形态特征	藻体绿色，为单列细胞分枝丝状体，丛生，具绢丝光泽，柔软，稍黏滑，高15～22 cm，主枝不明显，直径80～90 μm。分枝甚密，呈不规则曲褶。主枝或分枝顶端不分叉或二分叉，基部无柄，固着器呈圆盘状。
生态习性	在低潮线以下漂浮生活，往往附着于马尾藻属藻类的藻体上，随波漂荡。
地理分布	国外分布于俄罗斯、朝鲜、韩国、日本、印度、澳大利亚及北大西洋。国内分布于辽宁、浙江、海南。舟山产于嵊泗、枸杞、东极等地。

曲褶刚毛藻（依 Robert Aguilar 等）

15 聚枝刚毛藻
Cladophora fuliginosa Kützing, 1849

地方名	链条刚毛藻
分类地位	绿藻纲 Chlorophyceae，刚毛藻目 Cladophorales，刚毛藻科 Caldophoraceae
形态特征	藻体亮绿色或绿色，质硬，密集簇生，高 1～2 cm。分枝较疏，下部多呈叉状或互生，上部多互生或部分偏生成栉状，并稍弯曲。固着器假根状或爪状，任何部分都可生出，多在枝末端出现，主轴和束丛状分支的基部有短假根，但吸附能力不强，常漂浮在水面上或缠绕在漂浮物上。
生态习性	生长在潮间带，固着于岩石、石块、空贝壳等基质上。
地理分布	本种系热带性海藻。国外分布于日本、美国、加勒比海、西印度群岛等地。国内分布于浙江、台湾、海南。舟山产于嵊山、东极等地。

聚枝刚毛藻（依 AlgaeBase）

16 膨胀刚毛藻
Cladophora lehmanniana (Lindenberg) Kützing, 1843

地方名 刚丝藻、刚丝草、网毛子

同物异名 *Conferva lehmanniana* Lindenberg, 1840

分类地位 绿藻纲 Chlorophyceae，刚毛藻目 Cladophorales，刚毛藻科 Caldophoraceae

形态特征 藻体绿色或黄绿色，主轴明显，直立，丛生，往往缠绕在一起，高 10~20 cm。固着器假根状，不规则叉状分枝。直立部分叉状或多不规则叉状分枝，为二分叉或三分叉，互生偏侧，呈小束丛状，纤细，聚集于分支处；上部枝多个密集成束，偏生于一侧，末位小枝粗壮，侧生，多向内侧弯曲，略呈栉状排列，枝端钝尖。

生态习性 生长在低潮带的岩石上或石沼中，也见于贻贝筏架或其他藻体上。1年生或多年生，上部枝每年死亡，但假根细胞能正常生长，次年生长季再生出直立枝。生长盛期为3—6月。

地理分布 国外分布于日本、美国、巴西、西印度群岛、红海等地。国内分布于辽宁、山东、浙江、福建、海南等地。舟山产于东极、嵊山、枸杞等地。

膨胀刚毛藻

17 细丝刚毛藻
Conferva sericea (Hudson) Kützing, 1843

地方名	刚丝草、网毛子
同物异名	*Conferva sericea* Hudson, 1762
分类地位	绿藻纲 Chlorophyceae，刚毛藻目 Cladophorales，刚毛藻科 Caldophoraceae
形态特征	藻体浅绿色至草绿色，具光泽，干燥后变为褐绿色。大量密集丛生，为单列细胞分枝丝状体，体稍硬，高7～20 cm。主枝纤细，基部生有密集分枝假根。
生态习性	生长在中、低潮带的岩石上或石沼中，尤见于贻贝筏架或其他海藻体上。1年生或多年生，上部枝每年死亡，但假根细胞能正常生长，次年生长季再生出直立枝。生长盛期为5—6月，生长量大。
地理分布	本种系热带性种。国外分布于日本、加勒比海、西印度群岛、美国等地。国内分布于浙江、海南。舟山产于东极、嵊山、枸杞等地。

细丝刚毛藻

18 史氏刚毛藻
Cladophora stimpsonii Harvey, 1860

地方名 刚丝藻、刚丝草、网毛子

分类地位 绿藻纲 Chlorophyceae，刚毛藻目 Cladophorales，刚毛藻科 Caldophoraceae

形态特征 藻体黄绿色，具绢丝光泽，为单列细胞分枝丝状体，丛生，高 10～15 cm，纤细丝状，有弹性。基部为分枝假根状丝状体，表面凹凸不平。直立丝状体分枝呈叉状或三叉状，个别呈四叉状，小枝多偏生或不规则互生。分枝由下向上渐细，节部稍缢缩，枝端稍尖。

生态习性 生长在低潮带的岩石上或石沼中，也见于贻贝筏架或其他藻体上。1年生或多年生，上部枝每年死亡，但假根细胞能正常生长，次年生长季再生出直立枝。生长盛期为2—4月。

地理分布 国外分布于俄罗斯、日本及美国太平洋沿岸。国内分布于辽宁、浙江等地。舟山产于东极、嵊山、朱家尖。

史氏刚毛藻

三、丝藻目 Ulotrichales

藻体为单列细胞丝状体，或为胶质包埋定型或不定型的多细胞群体。固着或漂浮生活，细胞内多数含单核，少数含多核，叶绿体侧生，片状、环状或网状，淀粉核1至多个或无。无性生殖时产生游动孢子，也能产生不动孢子和厚壁孢子；有性生殖为同配生殖或异配生殖。生活史为同形世代交替或异形世代交替。

（四）礁膜科 Monostromataceae Kunieda 1934

冬、春季肉眼可见的大型藻体。幼期为筒状或否，筒状幼体渐长，然后自顶端向下纵裂成1至数个裂片。藻体是由一层细胞组成的膜状体，一般黏滑，基细胞向下延伸出假根丝组成固着器。细胞壁薄，单核，有一个位于细胞边缘的片状叶绿体，淀粉核2个或3个。成熟时产生雌、雄配子，配子结合成合子，合子生长发育成孢子体。孢子体小型，囊球状，成熟时可产生具有4根鞭毛的游动孢子。异形世代交替。

19 袋礁膜
Monostroma angicava Kjellman, 1883

地方名	开锅烂、绿菜、苔皮、囊礁膜
分类地位	绿藻纲 Chlorophyceae，丝藻目 Ulotrichales，礁膜科 Monostromataceae
形态特征	藻体深绿色或黄绿色，丛生或单生，高5~24 cm，宽5~8 cm。基部固着器盘状，由细胞延伸成的假根丝形成。幼体为囊球形或长囊球形，表面多褶皱，在生长中后期顶端开始破裂，渐形成裂片，裂片少而宽，顶端多破腐。囊期的长短、囊的形状和大小，常与生长环境相关。
生态习性	生长在中、低潮带石沼中，或生长在潮下带，附着于岩石或被泥沙覆盖的小石块、贝壳等基质上。
地理分布	国外分布于日本、挪威。国内主要分布于黄海、渤海沿岸。舟山沿海有零星分布。

袋礁膜

20 礁膜
Monostroma nitidum Wittrock, 1866

分类地位 绿藻纲 Chlorophyceae，丝藻目 Ulotrichales，礁膜科 Monostromataceae

形态特征 藻体黄绿色或淡黄绿色，柔软黏滑，具光泽，高 2～6 cm，有的可达 15 cm。为单层细胞叶状体，幼时囊期甚短，不久破裂成不规则膜状裂片，裂片为单层细胞，边缘多褶皱。基细胞延伸出假根丝，形成盘状固着器。

生态习性 多生长在平静内湾的高、中潮带，固着于岩石或被少量泥沙覆盖的岩礁上。生长期为 12 月至次年 5 月，生长盛期为 3—4 月。

地理分布 国外分布于朝鲜、韩国、日本。国内分布于浙江、福建、台湾、广东、广西、海南。舟山普陀、嵊泗有少量分布。

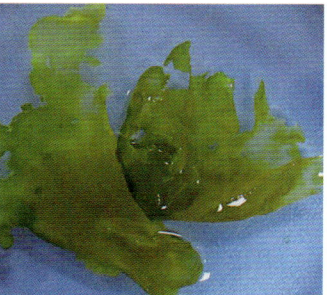

礁膜

（五）丝藻科 Ulotrichaceae Kützing, 1843

藻体为由圆柱形细胞组成的单列不分枝丝状体，营固着或漂浮生活。细胞单核，叶绿体侧生，为不完全的环带形，淀粉核有或无。藻丝断裂后可行营养繁殖。无性生殖时产生游动孢子或不动孢子，有性生殖为同配生殖或异配生殖。

21. 软丝藻
Ulothrix flacca (Dillwyn) Thuret, 1863

同物异名 *Conferva flacca* Dillwyn, 1805

分类地位 绿藻纲 Chlorophyceae，丝藻目 Ulotrichales，丝藻科 Ulotrichaceae

形态特征 藻体鲜绿或暗绿色，为单条丝状体，质细软，丝状体直径10～25μm，丛生如绒毛，基细胞向下延伸形成固着器。丝状体的细胞一般为短筒状，长为宽的0.25～0.75。细胞内含单核，叶绿体侧生，为不完全的环带形，环绕在细胞内壁，含1～3个淀粉核。无性生殖时形成的孢子囊，直径约50μm。

生态习性 多生长在中潮带石块、贝壳或其他大型藻体上，也有生长在潮水激荡处的岩石上。本种各海区的繁殖习性不同。产于南海和东海的，生长在高潮带的岩石上；产于黄海的，生长在中潮带的石块、贝壳或其他大型的藻体上。繁殖季节一般是南方早于北方，有性生殖的盛期，南海的软丝藻在2—4月，北方的则较晚。

地理分布 本种系冷温带性海藻。国外分布于俄罗斯、朝鲜、韩国、日本及北美洲西海岸、大西洋等地。国内分布于辽宁、山东、浙江、福建、广东。舟山各岛屿均有分布。

软丝藻

四、石莼目 Ulvales

藻体管形，膜状，由1或2层细胞组成，或为2列细胞的丝状体。多数种固着于基质上，固着器假根丝状或盘状，少数漂浮生活。细胞单核，叶绿体片状或杯状，环绕在细胞内壁，充满或不充满细胞内。生活史为同形世代交替或异形世代交替。无性生殖时产生游动孢子，有性生殖为同配生殖或异配生殖。

（六）科恩氏藻科 Kornmanniaceae L. Golden & K. M. Cole, 1986

异形世代交替。孢子体为大型，先由合子发育成小的基盘，再由基盘中部向上生长形成小囊状体，不久囊状体顶部破裂，并向上长成单层细胞的叶状体。叶状体成熟后产生具4根鞭毛的游动孢子，游动孢子发育成盘状的配子体，雌、雄同体，由盘状体产生雌、雄配子。有性生殖为同配生殖。

22 盘苔
Blidingia minima (Nägeli ex Kützing) Kylin, 1947

同物异名 *Enteromorpha minima* Nägeli ex Kützing, 1849

分类地位 绿藻纲 Chlorophyceae，石莼目 Ulvales，科恩氏藻科 Kornmanniaceae

形态特征 藻体绿色或黄绿色，管状，质软，丛生如毛发，高5～10 cm，直径约3 mm。在盘状体上长出直立枝，单条或基部有短小分枝，直径0.3～0.8 mm。单层藻体厚8～10 μm。藻体与浒苔相似，主要区别在于盘苔藻体下部盘状、匍匐，上部直立。游动孢子萌发时，在水平方向分裂形成盘状体，由盘状体的中央向上长出直立的藻体。

生态习性 多生长在中、高潮带的岩礁或被泥沙覆盖的岩石上。春季繁茂，生长盛期为2—6月。

地理分布 国外分布于俄罗斯、朝鲜、韩国、日本及北美洲东西海岸、大西洋等地。国内分布于辽宁、山东、浙江、福建等地。浙江沿海常见种，舟山各岛屿均有分布，为优势种。

盘苔

(七)石莼科 Ulvaceae Lamouroux ex Dumortier, 1822

肉眼可见的大型藻类。藻体为由1或2层细胞组成的管状体或膜状体，或为由2列细胞组成的丝状体，营固着或漂浮生活。藻体不分枝或分枝。细胞单核，具有片状或杯状叶绿体1个，内含有1至多个淀粉核。藻体基部延伸形成固着器。同形世代交替，无性生殖时产生具有4根鞭毛的游动孢子，有性生殖时产生具有2根鞭毛的配子。

23　孔石莼
Ulva australis Areschoug, 1854

地方名	海青菜、海条
分类地位	绿藻纲Chlorophyceae，石莼目Ulvales，石莼科Ulvaceae
形态特征	藻体绿色至碧绿色，膜质，长4～22 cm。为多细胞叶状体，由2层细胞组成，基部较厚，柄部不明显，单株，或2株、3株丛生。固着器盘状，其附近有同心圆皱纹，无柄或柄不明显。"叶"不规则，变异大，有卵圆形、椭圆形、披针形或球形，边缘常有皱褶或波浪状卷曲，表面有大小不等的孔，故名"孔石莼"。
生态习性	生长在中、低潮带及大干潮线附近的岩石上或石沼中。一般海湾处较繁茂，特别是水质肥沃海区，全年可见，生长盛期为4—6月，但全年几乎都可见到幼体。
地理分布	国外分布于俄罗斯、朝鲜、韩国、日本、印度尼西亚、肯尼亚、毛里求斯、坦桑尼亚、也门等地。国内分布于辽宁、河北、山东、江苏、浙江、福建、台湾、广东、广西等地。浙江沿海常见种，舟山各岛屿均有分布，为优势种。

孔石莼

24 条浒苔
Ulva clathrata (Roth) C. Agardh, 1811

地方名 苔菜、苔条、烂条

同物异名 *Conferva clathrata* Roth, 1806

分类地位 绿藻纲 Chlorophyceae，石莼目 Ulvales，石莼科 Ulvaceae

形态特征 藻体管状，中空，膜质。分枝细长、众多，主枝与分枝粗细相似，常交杂在一起，不易区分。高20～30 cm，最高可达80 cm。细胞纵列。鲜藻鲜绿色，干后呈暗绿色或浓绿色。

生态习性 幼时藻体有一固着器，常附着在潮间带岩石上，随着其生长，固着器逐渐退化消失。成体在水面上自由漂浮，常成片出现在风平浪静的中潮带滩涂上。全年生长，生长盛期为3—6月。

地理分布 本种系泛暖温带性海藻。国外分布于俄罗斯、日本、大西洋、红海、地中海、波罗的海、巴伦支海、巴芬湾、南太平洋、大洋洲等地。国内分布于浙江、福建、台湾、广东、广西和海南等地，河北、山东、江苏少见。浙江沿海常见种，舟山各岛屿均有分布，为优势种。

条浒苔

25 扁浒苔
Ulva compressa Linnaeus, 1753

地 方 名	苔条、烂条、海青菜
同物异名	*Ulva compressa* Forsskål, 1775
分类地位	绿藻纲 Chlorophyceae，石莼目 Ulvales，石莼科 Ulvaceae
形态特征	藻体草绿色，管状，膜质。分枝通常基部较密，上部较疏。分枝基部收缩，形状和直径与主枝相似，高 15～30 cm，直径 1～2 mm。上部分枝较基部扩大，圆柱形，直径 3～10 mm，甚至达 20 mm，或扁平状，宽 0.5～3 cm，甚至达 6 cm。
生态习性	多生长在中、低潮带的岩石和石砾上或石沼中。生长季节一般在晚春和秋季之间。
地理分布	本种系泛暖温带性海藻。国外分布于太平洋、印度洋、大西洋、北冰洋。国内为黄海、渤海习见种，东海、南海亦产。浙江沿海常见种，舟山各岛屿均有分布，为优势种。

扁浒苔

26 砺菜
Ulva conglobata Kjellman, 1897

地方名 花石莼、海青菜、岩头青

分类地位 绿藻纲Chlorophyceae,石莼目Ulvales,石莼科Ulvaceae

形态特征 藻体绿色,叶状,膜质。丛生,高1.2~6 cm,宽0.8~2.7 cm。基部由营养细胞延伸出的假根丝形成固着器。藻体自叶缘向基部深裂成许多裂片,相互重叠,似重瓣花朵,但无孔。细胞内含单核,叶绿体杯状,具淀粉核。

生态习性 生长在中、高潮带略被细沙覆盖的岩石上或小石沼的边缘。终年可见。

地理分布 国外分布于朝鲜、韩国、日本等地。国内分布于辽宁、山东、江苏、浙江、福建、台湾、广东、广西、海南,为东海、南海习见种。浙江沿海常见种,舟山各岛屿均有分布,为优势种。

砺菜

27 管浒苔
Ulva flexuosa Wulfen, 1803

地方名	曲浒苔、苔条、烂条、海青菜
分类地位	绿藻纲 Chlorophyceae，石莼目 Ulvales，石莼科 Ulvaceae
形态特征	藻体绿色至黄绿色，管状，膜质，高 15～30 cm。丛生，单条或少分枝，圆柱形，中空，有时扁平。固着器由基细胞向下延伸出的假根状丝体组成。直立藻体细弱，由下向上渐粗，下部直径 0.2～0.7 mm，中、上部直径 0.5～2 mm 或更粗。
生态习性	生长在高、中潮带石沼中或固着于岩石上。几乎全年都可生长。
地理分布	本种系泛热带、亚热带性藻类。国外分布于日本、马来群岛、印度尼西亚、印度、巴基斯坦、澳大利亚、厄瓜多尔、波利尼西亚、马达加斯加、毛里求斯、坦桑尼亚、也门、索马里、南非、沙特阿拉伯及地中海、大西洋等地。国内分布于广东、广西、海南、福建、浙江等地。舟山各岛屿均有分布，为优势种。

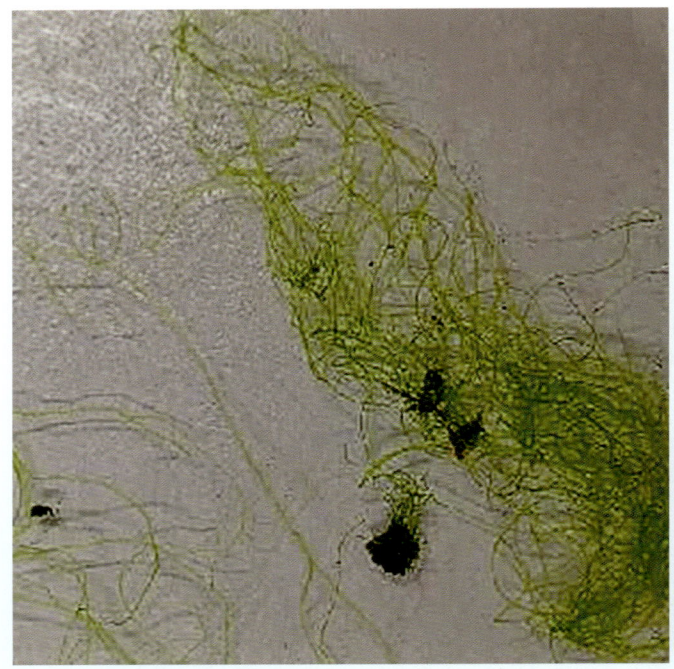

管浒苔

28 肠浒苔
Ulva intestinalis Linnaeus, 1753

地方名 苔条、烂条、海青菜

分类地位 绿藻纲Chlorophyceae，石莼目Ulvales，石莼科Ulvaceae

形态特征 藻体黄绿色或深绿色，管状，中空，膜质，高10～36 cm。单生或丛生，不分枝或仅在基部有小分枝。主枝直径0.1～1.0 cm，表面常有许多皱褶或扭曲，部分稍扁，柄部圆柱形，上部膨大呈肠形。除基细胞稍呈纵列外，藻体其他部分细胞排列不规则。

生态习性 生长在中、低潮带的岩石、石砾上或石沼中，多以在滩涂石砾上生长为盛，在淡水注入处也能生长。全年都能生长，生长盛期为2—5月。

地理分布 国外分布于俄罗斯、日本、越南、马来群岛及大西洋东西两岸、波罗的海、北冰洋等地。国内为黄海、渤海习见种，东海、南海也有生长。舟山各岛屿均有分布，为优势种。

肠浒苔

29 石莼
Ulva lactuca Linnaeus, 1753

地方名	菜石莼、海白菜、海青菜
分类地位	绿藻纲 Chlorophyceae，石莼目 Ulvales，石莼科 Ulvaceae
形态特征	藻体绿色至黄绿色，膜质，丛生。"叶"呈卵圆形，不重叠，呈花朵状，长 10～15 cm，质薄。多细胞叶状体由 2 层细胞组成，中部厚约 45 μm，基部厚 120～140 μm，边缘不皱裂，但稍呈波状，且无孔。基部由营养细胞延伸成假根丝形成固着器。
生态习性	多生长在内湾的中、低潮带的岩礁上或石沼中。
地理分布	国外分布于俄罗斯、日本、越南、马来群岛、太平洋东岸、新西兰、澳大利亚、印度洋、大西洋两岸等地。国内分布于辽宁、河北、山东、浙江、福建、台湾、广东、海南。浙江沿海常见种，舟山各岛屿均有分布，为优势种。

石莼

30 缘管浒苔
Ulva linza Linnaeus, 1753

地方名 长石莼、海白菜、海菠菜、海青菜、绿紫菜

分类地位 绿藻纲 Chlorophyceae，石莼目 Ulvales，石莼科 Ulvaceae

形态特征 藻体黄绿色至绿色，膜质，手感柔软、光滑。藻体扁平，形似宽叶状，或披针状、线状等，高10～30 cm，最高可达50 cm。单生不分枝或仅在基部有小分枝，体表常有许多皱褶或扭曲，部分稍扁，基部附近变细，略呈楔形，成熟时从基部生出假根丝形成固着器，固着于基质上。

生态习性 生长在中、低潮带的岩石、石砾上或石沼中。全年都能生长，生长盛期为1—5月。

地理分布 国外分布于俄罗斯、日本、朝鲜、韩国、越南、马来群岛、美洲西海岸、大西洋东西两岸、巴伦支海、新西兰等地。国内分布于辽宁、河北、山东、江苏、浙江、福建、台湾。舟山各岛屿均有分布，为优势种。

缘管浒苔

31 浒苔
Ulva prolifera O. F. Müller, 1778

地方名 苔条、烂苔

分类地位 绿藻纲 Chlorophyceae，石莼目 Ulvales，石莼科 Ulvaceae

形态特征 藻体呈草绿色，细长管状，膜质，丛生，通常高可达1 m。分枝细小，主枝明显。基部或至少在分枝基部的细胞排列成纵列，上部纵列不明显或无纵列。

生态习性 生长在中、低潮带的岩石、石砾上或石沼中。全年都能生长，生长盛期为1—5月。

地理分布 国外分布于俄罗斯、日本、马来群岛、北美洲大西洋沿岸、欧洲沿海。国内分布于南北沿海，如辽宁、山东、浙江、福建、广西、台湾等地。舟山各岛屿均有分布，为优势种。

浒苔

褐藻门 Ochrophyta

藻体均具有多细胞结构。简单的种类是由单列细胞组成的分枝丝状体，高级的种类有类似根、茎、叶的分化，其内部一般有表皮、皮层和髓部组织的分化。色素体中除含有叶绿素a、叶绿素c、叶黄素、胡萝卜素外，还含有类胡萝卜素及藻褐素。光合作用产物为褐藻淀粉及甘露醇。无性生殖时产生游动孢子和不动孢子，游动的生殖细胞都具有2根侧生不等长的鞭毛，有性生殖有同配生殖、异配生殖和卵配生殖。生活史除墨角藻目外都有孢子体世代和配子体世代，同形或异形世代交替。褐藻门目前已知的几乎都是海洋种，只有少数几个淡水种。

褐藻纲 Phaeophyceae

也称为褐子纲，是褐藻门的主要类群。藻体的形态、构造、生长、繁殖及生活史等都是多样化的。藻体一般为简单的异丝体，水云科种类为假膜体，其中粘膜藻属为多轴假膜体，萱藻属、海带属为膜状体。许多物种的藻体上生长着无色、多细胞的毛丝体。毛丝体一般与毛基分生细胞相连，它们生长于丝状体分枝的顶端，或在藻体上分散生长或集生成束，也有的埋藏在藻体内。有的种类毛基部具鞘，有的种类毛丝体细胞含有色素体。本纲物种的生长方式通常为居间生长、顶端生长或毛基生长。

无性生殖时产生游动孢子，有性生殖为同配生殖、异配生殖和卵配生殖。游动孢子和雄配子都为梨形，2根鞭毛不等长，侧生，长的在前，短的在后。在生活史中，孢子体与配子体都存在，不同种类的配子体大于、小于或等于孢子体。

本纲物种根据藻体的形态、构造、繁殖和生活史分为9目，本书介绍了其中7目。

五、网地藻目 Dictyotales

藻体扁平、叶状，带形或扇形，分枝常在同一平面，有中肋或无中肋。顶端或边缘生长，构造可分成髓部及皮层，髓部由1至数层大型薄壁细胞组成，皮层由1至多层小细胞组成。同形世代交替。无性生殖时，在孢子体上仅产生单室孢子囊，囊内含4个或8个孢子。有性生殖为卵配生殖，多为雌雄异体，亦有少数为雌雄同体。卵囊单生或集生，每个卵囊产生一个卵；精子囊集生成小的精子囊群，每个多室精子囊可产生多个有鞭毛的精子。

（八）网地藻科 Dictyotaceae Lamouroux ex Dumortier, 1822

藻体扁平扇形或叉状分枝，有或无中肋，为薄壁组织构造，顶端或边缘生长，每个分枝顶端有1个顶端分生细胞或在边缘有多个分生细胞。成熟藻体分化为髓部和皮层。髓部由1至数层细胞组成，皮层由1层或多于1层的小细胞组成。同形世代交替。无性生殖时，孢子体上仅产生单室孢子囊，囊内通常为四分孢子。有性生殖为卵配生殖，卵囊单生或集生，精子囊集生成小的精子囊群。

32 叉开网地藻
Canistrocarpus cervicornis (Kützing) De Paula & De Clerck, 2006

同物异名 *Dictyota cervicornis* Kützing, 1859

分类地位 褐藻纲 Phaeophyceae，网地藻目 Dictyotales，网地藻科 Dictyotaceae

形态特征 藻体黄褐色，膜质，高3～10 cm，扁平，上部直立，基部疏松地交织在一起，略呈二叉分枝。直立部分具有比较规则的叉状分枝，分枝多次，枝间夹角通常大于90°。末位枝端较尖细，藻体下部边缘有时具有可育枝。

生态习性 生长在低潮带岩石上或珊瑚礁上。

地理分布 国外分布于日本、朝鲜、韩国、菲律宾、印度、大西洋等地。国内分布于辽宁、河北、山东、浙江、福建、台湾、广东、广西等地。舟山产于东极、嵊泗、桃花岛等地。

叉开网地藻

33 厚网地藻
Dictyota coriacea (Holmes) I. K. Wang, H. -S. Kim & W. J. Lee, 2004

同物异名 *Glossophora coriacea* Holmes, 1896; 厚网藻 *Pachydictyon coriaceum* (Holmes, 1896)

分类地位 褐藻纲 Phaeophyceae，网地藻目 Dictyotales，网地藻科 Dictyotaceae

形态特征 藻体绿褐色，压叶标本呈黑色，叶状，膜质，高15～40 cm，宽0.7～1.5 cm。复叉状分枝，枝细长，末端圆舌形或叉状微凹，枝端叶面散布许多青褐色小斑点，用显微镜观察这部分，可以看到一个大的生长点细胞。藻体分为内外皮层和中间的髓层，外皮层为小方形细胞，内有色素体，髓层由无色透明的方形大细胞组成。

生态习性 生长在低潮线下，固着于岩石上或附着于海珍品养殖筏子上。

地理分布 国外分布于日本、朝鲜、韩国等地。国内分布于浙江、福建、台湾、广东等地。舟山产于朱家尖、枸杞、东极等地。

厚网地藻

34 网地藻
Dictyota dichotoma (Hudson) J. V. Lamouroux, 1809

同物异名 *Ulva dichotoma* Hudson 1762

分类地位 褐藻纲 Phaeophyceae，网地藻目 Dictyotales，网地藻科 Dictyotaceae

形态特征 藻体黄褐色或褐色，扁平叶状，直立丛生，为规则双叉形重复分枝，全缘，节间长 1~2 cm，枝角广而稍圆，枝端圆。无中肋，叶长 7~15 cm。由分枝假根附着于基层，顶端生长。

生态习性 生长在中、低潮带岩石上，附生于珊瑚藻以及其他海藻的藻体上。

地理分布 国外分布于大西洋、地中海、印度、日本、俄罗斯、菲律宾、新西兰等地。国内分布于辽宁、河北、山东、浙江、台湾等地。舟山各岛屿均有分布。

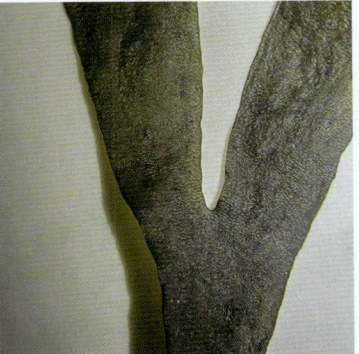

网地藻

35 大团扇藻
Padina gymnospora (Kützing) Sonder, 1871

同物异名 *Zonaria gymnospora* Kützing, 1859; *Padina crassa* Yamada, 1931

分类地位 褐藻纲 Phaeophyceae，网地藻目 Dictyotales，网地藻科 Dictyotaceae

形态特征 藻体白色至黄褐色，高 5~15 cm，扁平扇状，无中肋，单条或为扇状裂片，边缘向内侧卷起。藻体下部有短柄及固着器，固着器周围被短毛覆盖。中部由 6~8 层无色方形细胞构成髓部，两侧缘部为 2~4 层细胞，生长方式为边缘生长。藻体上下表面都生有毛，毛排成若干行同心纹层，表面细胞含有色素体，其上覆盖一层薄薄的钙质，故呈现白色。成熟个体有纵向裂缝。

生态习性 生长在低潮线附近大石沼中或固着于岩石上。

地理分布 国外分布于日本、朝鲜、韩国等地。国内分布于山东、浙江、台湾、福建、广东、香港、广西。舟山产于桃花岛、东极等地。

大团扇藻

六、水云目 Ectocarpales

藻体为单列细胞分枝的异丝体，附着、漂浮或内生生活。生长方式为居间生长、毛基生长或顶端生长，具毛或无毛。色素体盘状、带状或星状，侧生，含1至数个淀粉核。繁殖器官侧生、顶生或间生于营养丝体中间。同形世代交替。有性生殖为同配生殖或异配生殖。本目分3科。

（九）索藻科 Chordariaceae Greville, 1830

藻体直立，圆柱形，单条或分枝，有时中空。固着器盘状或为1扁平体。藻体由2～3层组织构成。藻丝埋于胶质层内，形成假薄壁组织，内部为由无色纵向藻丝组成的髓部，中层为大而圆或稍长的细胞，外层为皮层，由与体表面呈直角排列的同化丝组成。同化丝短小、游离，由胶质包被，细胞含多数色素体。居间生长。无色毛生于同化丝基部。单室孢子囊和多室孢子囊皆由同化丝基部生出，埋于同化丝间，同体或异体着生。单室孢子囊倒卵形或棍棒状。配子囊直接或间接自同化丝细胞的侧面膨胀而成。有性生殖为同配生殖。

36 粘膜藻
Leathesia marina (Lyngbye) Decaisne, 1842

同物异名	*Chaetophora marina* Lyngbye, 1819
分类地位	褐藻纲 Phaeophyceae，水云目 Ectocarpales，索藻科 Chordariaceae
形态特征	藻体黄褐色，幼时长圆形、中实，成长后中空，形成不规则的球状或团块，直径 1～5 cm。表面凹凸有致，具褶皱或裂片，柔软滑润，细胞间充满胶质。
生态习性	生长在中、低潮带岩石上，附生于珊瑚藻以及其他海藻的藻体上。早春至夏季多见。
地理分布	国外分布于日本、朝鲜、韩国、阿拉斯加、新西兰、俄罗斯。我国沿海均有分布。舟山海礁、嵊山、中街山、普陀山等地都有分布。

粘膜藻

37 异丝藻
Papenfussiella kuromo (Yendo) Inagaki, 1958

同物异名	*Myriocladia kuromo* Yendo, 1920
分类地位	褐藻纲Phaeophyceae，水云目Ectocarpales，索藻科Chordariaceae
形态特征	藻体暗绿褐色至深褐色，长圆柱形，手感柔软滑润而结实，成熟的藻体则较硬。分枝或不分枝，主枝高30～50 cm，直径1～3 mm。通体密生"藻毛"，藻毛分长短2种，其中长藻毛会在夏季脱落，使轴部变得明显。
生态习性	生长在低潮带岩石上。生长盛期为5—7月。
地理分布	国外分布于欧洲。国内主要分布于浙江、福建、台湾、广东、广西、海南。舟山岱山、嵊泗有少量分布。

异丝藻

（十）水云科 Ectocarpaceae C. Agardh 1828

藻体是单列细胞分枝的异丝体，生长方式为居间生长、毛基生长或顶端生长。细胞内含单核，色素体盘状或不规则带状。繁殖器官侧生或顶生于营养丝体上，分为多室囊和单室囊。同形世代交替。有性生殖为同配生殖或异配生殖。

38 长囊水云
Ectocarpus siliculosus (Dillwyn) Lyngbye, 1819

- **地方名** 猴子毛、浮苔
- **同物异名** *Conferva siliculosa* Dillwyn, 1809
- **分类地位** 褐藻纲 Phaeophyceae，水云目 Ectocarpales，水云科 Ectocarpaceae
- **形态特征** 藻体黄褐色，为由单列细胞组成的异丝体，密集丛生，开始固着，后漂浮生活，高5～21 cm。藻体分上下两部分。下部匍匐状，细胞单列，不规则的假根附生在其他物体上。直立部丝状，具有繁茂的分枝，分枝一般为对生、互生、偏生或不规则生长，枝末端尖细，常延伸成无色毛。直立分枝体，除顶端细胞外，大部分细胞为圆柱形，细胞内含单核，色素体侧生为不规则带状，其上有淀粉核。直立丝体的细胞都具分生能力，为散生长，也有居间生长和毛基生长。同形世代交替，除无性生殖和有性生殖外，配子体中的多室配子囊的配子可未经两性结合，单独萌发为新的配子体，即单性生殖或孤雌生殖。
- **生态习性** 生长在低潮线附近大石沼中或固着于岩石上。
- **地理分布** 国外分布于各温暖海域。我国分布于东海、南海、黄海的沿岸。舟山产于嵊山。

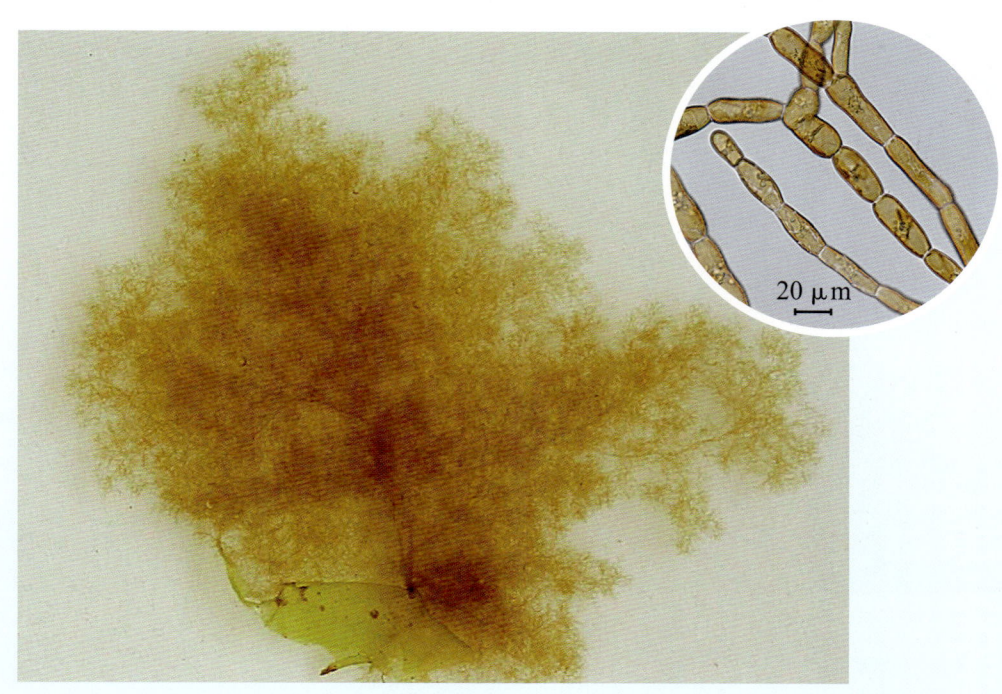

长囊水云

39 印度费氏藻
Feldmannia indica (Sonder) Womersley & A. Bailey, 1970

地方名	猴子毛、浮苔
同物异名	印度水云 *Ectocarpus indicus* Sonder, 1854
分类地位	褐藻纲 Phaeophyceae，水云目 Ectocarpales，水云科 Ectocarpaceae
形态特征	藻体黄褐色至灰褐色，为单列细胞分枝异丝体，丛生，高3～7 cm。不规则分枝，主枝直径35～40 μm。藻体基部具分枝状假根，无柄。直立丝体着生于匍匐丝体上，基部分枝较多，上部较少，上、下粗细较均匀。
生态习性	生长在低潮线附近大石沼中或固着于岩石上。
地理分布	国外分布于各温暖海域。我国分布于东海、南海、黄海等海域。舟山产于嵊山、东极。

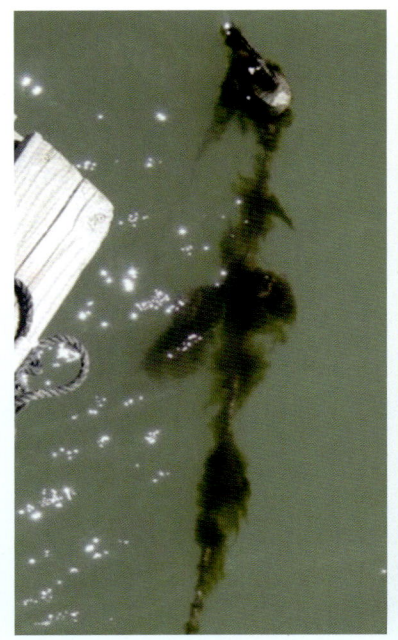

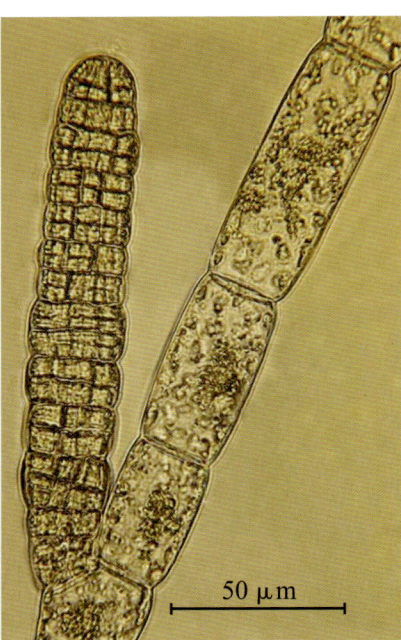

印度费氏藻

（十一）萱藻科 Scytosiphonaceae Farlow, 1881

藻体圆柱形、不规则的球形或扁平的叶状，中空或中实。不分枝。初始为毛基生长，其后为居间生长。内部由2～3层组织组成。髓层由丝状细胞或大而无色的细胞组成。内皮层也由无色的细胞组成。皮层由含有色素体的小型细胞组成。毛常成群丛生。本科大多数种类为配子体大于孢子体，异形世代交替。多室配子囊由皮层细胞发育而成，囊群覆盖藻体表面或部分表面。孢子体为丝状体或壳状体。

40 囊藻
Colpomenia sinuosa (Mertens ex Roth) Derbès & Solier, 1851

地方名	气鼓藻
同物异名	*Ulva sinuosa* Mertens ex Roth, 1806
分类地位	褐藻纲 Phaeophyceae，水云目 Ectocarpales，萱藻科 Scytosiphonaceae
形态特征	藻体中空、囊状，不规则球形、长筒形或纺锤形，长成后往往有不规则的纹裂。体壁膜质，由2层组织构成，内部细胞大而稍圆，无色，外面为1层小细胞。黄褐色，直径2～6 cm。多室孢子囊为柱状，其中杂有隔丝，孢子囊初为散生，呈斑状，后集生遮蔽藻体。
生态习性	生长在潮间带低潮线附近岩石上，或附生于其他藻体上。1年生。
地理分布	国外分布于日本、韩国、俄罗斯、菲律宾、澳大利亚、巴西、新西兰等地。国内分布于海南、广东、广西、福建、浙江、山东、辽宁。舟山嵊山、枸杞等地有零星分布。

囊藻

41 鹅肠菜
Petalonia binghamiae (J. Agardh) K. L. Vinogradova, 1973

地方名	小海带、土海带、鸡肠菜、黑昆布、野海带
同物异名	*Endarachne binghamiae* J. Agardh 1896
分类地位	褐藻纲 Phaeophyceae，水云目 Ectocarpales，萱藻科 Scytosiphonaceae
形态特征	藻体暗褐色，幼体颜色较浅，高10～30 cm，有时可达50 cm。丛生，扁平，叶状，宽2～4 cm，有时可达6 cm，中上部略宽大，顶端钝圆，成熟时顶端常腐蚀，叶基呈楔形。体外皮层由排列整齐的椭圆形细胞组成，内含色素体；内皮层细胞较大，脆壁较厚；髓部由厚壁分枝丝状体交织构成。成熟藻体自外皮层细胞长出众多配子囊，排列成栅状，肉眼可见配子囊群呈深褐色的成片斑块，分布于整个藻体。固着器小盘状。
生态习性	生长在潮间带中潮线附近岩石上。
地理分布	本种系暖温带性海藻。国外分布于日本、北美洲太平洋沿岸。我国东南沿海均有分布，浙江、台湾、福建、广东沿海较多。舟山嵊山、枸杞等地均有分布。

鹅肠菜

42 无节萱藻
Scytosiphon dotyi M. J. Wynne, 1969

分类地位 褐藻纲 Phaeophyceae，水云目 Ectocarpales，萱藻科 Scytosiphonaceae

形态特征 藻体黄褐色，管状，膜质，高20～35 cm，直径1～2 mm。幼时中实，不久变成中空，圆柱形，有时稍扁或扭曲，平滑无节。藻体顶端及基部尖细或圆钝，基部细。固着器盘状。体内由髓部和内外皮层组成，近体表1～2层细胞小，排列紧密，含色素体，向内为皮层细胞，大而无色，中间髓部细胞无色。由于逐渐发生分离，最后中央变成空腔。藻体成熟时，多室配子囊分布在体表，呈斑块状。

生态习性 生长在中、低潮带岩石上或水潭里。生长盛期为4—6月。

地理分布 本种系泛暖温带性海藻。国外分布于西班牙、加拿大、美国、澳大利亚、新西兰等地。我国东南沿海均有分布，浙江、台湾、福建、广东沿海分布较多。舟山嵊泗、东极、普陀等地均有分布。

无节萱藻

43 萱藻
Scytosiphon lomentaria (Lyngbye) Link, 1833

地方名	海通草
同物异名	*Chorda lomentaria* Lyngbye, 1819
分类地位	褐藻纲 Phaeophyceae，水云目 Ectocarpales，萱藻科 Scytosiphonaceae
形态特征	配子体褐色至深褐色，单条丛生，直立管状，高15～70 cm，最高可达1m以上。幼时中实不分节，但不久变为中空。随着藻体的长大，出现缢缩现象，即形成节部。藻体顶端尖细或圆钝，基部细，其下为1盘状固着器。孢子体为微小的壳状体。
生态习性	生长在中潮带的岩石上或石沼中，也有生长在高潮带的石沼中和低潮带岩礁上。1年生，冬、春季生长茂盛。
地理分布	本种系泛暖温带性海藻。国外分布于日本、俄罗斯及北美洲太平洋沿岸、大西洋、地中海、北冰洋等地。我国东南沿海均有分布。舟山各岛屿均有分布。

萱藻

七、墨角藻目 Fucales

藻体比较大,长度从几十厘米到两米以上,多数多年生。主枝扁平,多角形,或亚圆柱形,或圆柱形。分枝二叉状至辐射状,从主枝上长出。顶端生长。具表皮、皮层、髓部及气囊等分化。外皮层的每个细胞都具几个盘状叶绿体,除了墨角藻属,其他种类都没有淀粉核。生殖器官在生殖窝内发育,包埋在营养枝的顶端或生殖托中。藻体雌雄同体或异体。在生活史中,只有双倍体的孢子体世代,没有单倍体的配子体世代。

(十二)马尾藻科 Sargassaceae Kützing, 1843

藻体多年生,可分为固着器、主干和分枝三部分。初生分枝自主干上部的各个方向长出,多数种类的初生分枝较主干长。分枝羽状或互生,扁平或圆柱形,其上生有藻叶、气囊和生殖托。分枝在叶腋生出。藻体为孢子体,在分枝的上部形成独立的生殖器官,产生卵囊和精子囊,藻体成熟后,分枝逐渐烂掉。

44 羊栖菜
Sargassum fusiforme (Harvey) Setchell, 1931

地 方 名	鹿角尖、海菜芽、羊奶子、海大麦
同物异名	*Cystophyllum fusiforme* Harvey 1860
分类地位	褐藻纲 Phaeophyceae，墨角藻目 Fucales，马尾藻科 Sargassaceae
形态特征	藻体黄褐色，肥厚多汁，叶状体的变异很大，形状各种各样。高 30~50 cm，最高达 3 m 以上。分假根、主干、叶与气囊。圆柱形假根具分枝。茎下方初生叶扁厚，卵圆形，茎上部后生叶棒状或茄形。气囊纺锤形，生于叶腋。雌雄异体，生殖托内分别形成卵囊和精子囊。
生态习性	生长在低潮带和大干潮线下的岩石上，即经常为浪水冲击的处所。多年生。
地理分布	本种系暖温带亚热带性海藻。国外分布于日本、朝鲜。我国分布很广，北起辽东半岛，经庙岛群岛、山东半岛东南岸、浙江、福建至广东雷州半岛东岸的硇洲岛。舟山各岛屿均有分布。

羊栖菜

45 海蒿子
Sargassum confusum C. Agardh, 1824

分类地位 褐藻纲 Phaeophyceae，墨角藻目 Fucales，马尾藻科 Sargassaceae

形态特征 藻体茶褐色，基部为直立圆柱形，高20~80 cm，最高可达1m。固着器盘状。主干多单生。主枝自茎部两侧成钝角或直角地羽状生出，侧枝自主枝的叶腋间生出，幼时各枝及茎部均生有短小的刺状突起，随着生长而逐渐脱落。"叶"的形状变异很大。初生叶为披针形，叶片革质，全缘，叶生长不久即凋落。主枝大部分及分枝的叶片呈细的披针形或线形，中肋不明显。次生叶呈线形、披针形或羽状分裂。次生分枝自次生叶的叶腋间生出，枝上又生出许多狭披针形或线形的三生叶。在叶腋间长出具许多丝状叶的末端小枝，气囊都生在末枝上。在末端小枝的叶腋间生出生殖枝或生殖托。生殖托亚圆柱形，总状排列于生殖小枝上。

生态习性 生长在潮间带的石沼中和大干潮线下1~4 m深的岩石上。多年生。

地理分布 本种系暖温带性海藻。国外分布于俄罗斯、日本、朝鲜等地。我国盛产于黄海、渤海沿岸，为习见种，产量很大。舟山嵊泗偶有所见。

海蒿子

46 草叶马尾藻
Sargassum graminifolium C. Agardh, 1820

分类地位 褐藻纲 Phaeophyceae，墨角藻目 Fucales，马尾藻科 Sargassaceae

形态特征 藻体绿色或褐色，高20～60 cm。固着器盘状。主干较短，圆柱形。初生分枝高40～50 cm，直径1～1.5 mm，扁平状。次生分枝不规则，互生。次生分枝的藻叶膜质，无毛窝。叶披针形，偶见分叉，全缘，少数有深锯齿，中肋不明显。上部藻叶宽4～5 mm；下部藻叶长7～8 cm，宽8～11 mm，披针形，有深锯齿，顶端钝圆，并具明显中肋。气囊直径3～4 mm，椭圆形或倒卵形，上部气囊的柄扁压，下部的为亚圆柱形，气囊有时对生并且柄部分叉。藻体雌雄异体，生殖托长8～10 mm，直径0.5～1 mm，圆柱形，表面光滑，分枝较多；疣状，紧密排列成圆锥托序，生殖托和藻叶或气囊常混生。一般来说，雌生殖托较雄生殖托短。

生态习性 生长在低潮带和潮下带的岩石上。

地理分布 国外分布于越南。国内分布于浙江、福建、广东、澳门。舟山嵊泗、普陀、东极等地均有分布。

草叶马尾藻

a、b. 植株形态　c. 气囊　d. 上部叶　e. 下部叶

47　半叶马尾藻
Sargassum hemiphyllum (Turner) C. Agardh, 1820

地方名	草茜、海茜
同物异名	*Fucus hemiphyllus* Turner, 1811
分类地位	褐藻纲 Phaeophyceae，墨角藻目 Fucales，马尾藻科 Sargassaceae
形态特征	藻体黄褐色至暗褐色，高10～50 cm，有时可达1 m。固着器由圆柱形的假根组成，有匍匐枝，其上生出主干。主干极短，上生主枝，二者常不易区分。因此，采到的半叶马尾藻只有一条主干的很少。枝互生，丝状，与叶在同一平面上。藻体大部分的叶左右不对称，一侧向外弧形弯曲，无中肋，叶缘有粗齿；基部的叶有时近于对称。藻体下部的气囊为倒卵形，顶端圆；藻体上部的常为纺锤形或椭圆形，顶端尖，边缘和顶端有翼状部分。生殖托圆柱形，向上稍细，下部有一短柄，单条或排成总状。
生态习性	生长在低潮线附近及以下约1 m深的岩石上，在低潮带较大石沼中也有一些生长。
地理分布	国外分布于越南。国内分布于东海和南海沿岸。舟山嵊泗、普陀、东极等地均有分布。

半叶马尾藻

48 铜藻
Sargassum horneri (Turner) C. Agardh, 1820

地 方 名	丁香屋、草茜、海藻
同物异名	*Fucus horneri* Turner, 1808
分类地位	褐藻纲 Phaeophyceae，墨角藻目 Fucales，马尾藻科 Sargassaceae
形态特征	藻体黄褐色，较为纤弱，树状，枝叶繁茂，高 0.5～1 m，有时可达 7 m。主枝圆柱形，下部有数条纵向浅沟，直径 1.5～3 mm。互生、对生分枝，叶片披针形，中肋及顶，锯齿深裂。柄细长。气囊圆柱形，长 0.5～1 cm，直径 2～3 mm，两端尖细，冠叶羽裂，中肋及顶，固着器裂瓣状。生殖托圆柱形，有短柄，雄生殖托长 4～8 cm，直径 1.5～2 mm；雌生殖托长 1.5～3 cm，直径 2～3 mm。
生态习性	生长在低潮线附近及以下约 4 m 深的岩石上。
地理分布	本种系暖温带性海藻。国外分布于俄罗斯、日本、朝鲜。国内分布于辽宁、浙江、福建、厦门、广东。舟山嵊泗、普陀、东极等地均有分布。

铜藻（依 iNaturalist）

a、b. 植株形态　c、d. 气囊　e. 生殖托

49. 裂叶马尾藻
Sargassum siliquastrum (Mertens ex Turner) C. Agardh, 1820

地方名	海蓑衣
同物异名	*Fucus siliquastrus* Mertens ex Turner, 1809
分类地位	褐藻纲 Phaeophyceae，墨角藻目 Fucales，马尾藻科 Sargassaceae
形态特征	为大型海藻，高2～3 m，暗褐色，体质粗硬。固着器圆锥状或盘状，主干圆柱形，其上生出数条粗壮而扁压的初生枝。近基部枝为三棱形，扭曲，上部枝则近圆柱形。藻体下部的叶长而宽，近于全缘，或有微齿（边缘有尖锐的锯齿），向下强烈地反曲。次生分枝及其下部的藻叶反曲，向上则逐渐减弱直至停止。中部藻叶的边缘呈锯齿形或重锯齿形。上部叶窄细，有深裂，可裂至中肋。气囊呈圆形或卵形。
生态习性	多生长在低潮线下1～5 m深的岩礁上，少数生长在低潮带的大石沼上。
地理分布	本种系暖温带性海藻。国外分布于朝鲜、日本。国内分布于辽宁、山东、福建、广东。舟山嵊泗、普陀等地均有分布。

裂叶马尾藻

50 鼠尾藻

Sargassum thunbergii (Mertens ex Roth) Kuntze, 1880

地方名 老鼠尾

同物异名 *Fucus thunbergii* Mertens ex Roth, 1800

分类地位 褐藻纲 Phaeophyceae，墨角藻目 Fucales，马尾藻科 Sargassaceae

形态特征 藻体暗褐色，高 10~40 cm，有时近 1m，形似鼠尾。固着器为扁平的圆盘状，边缘常有裂缝，上生一条主干。主干粗、短，圆柱形，长 3~7 mm，其上有鳞片的叶痕。主干顶端长出数条初生枝（主枝），主干和初生枝的幼期均密被鱼鳞片状小叶，形似小松球。主枝具数条纵向浅沟，向外密集生出次生小叶和气囊，小叶披针形或稍楔形，全缘或有粗锯齿。气囊小纺锤形，无冠叶，顶尖，有细柄。雌雄异体。生殖托为长椭圆形或圆柱形，长 5~15 mm，顶端钝，表面光滑，单条或数个集生于叶腋间。

生态习性 集生于中潮带和低潮带的岩石上，或在高、中潮带的水洼或石沼中，有的甚至在低潮时较长时间暴露于日光下仍可生长。

地理分布 本种系暖温带性海藻。国外分布于俄罗斯、日本、朝鲜。我国沿海均有分布，为习见种。舟山各岛屿均有分布，为优势种。

鼠尾藻

a、b.植株形态　c.藻体固着器　d.气囊

51 瓦氏马尾藻
Sargassum vachellianum Greville, 1848

分类地位 褐藻纲 Phaeophyceae，墨角藻目 Fucales，马尾藻科 Sargassaceae

形态特征 藻体深褐色，树状，干燥后为黄褐色，表面粗糙，高30～50 cm，最高可达180 cm。固着器盾状或锥盘状。主干较短，圆柱形，有落枝残痕。初生分枝扁平，表面光滑。次生分枝从初生分枝的叶腋中长出，圆柱形，表面光滑，长约10 cm。末端小枝较小，纤细，着生着藻叶、气囊和生殖托。藻叶长披针形，下部藻叶长6～8 cm，宽3～6 mm；上部藻叶渐尖，长4～6 cm，基部略斜，边缘具尖锐锯齿，中肋明显在顶端处消失，毛窝很多。气囊球形，囊柄圆柱形或叶形。雌雄异体。生殖托圆柱形，二叉分枝，雌生殖托比雄生殖托短、黑。生殖托下部常生有小的藻叶和气囊。

生态习性 生长在低潮带和潮下带岩石上。

地理分布 为我国特有种，分布于浙江、福建、广东和香港。舟山沿海常见，嵊泗、东极等地均有分布。

瓦氏马尾藻

a、b.植株形态　c.藻体叶片　d.气囊

八、铁钉菜目 Ishigeales

藻体呈圆柱形或扁平，复叉状分枝。内部构造为两层组织，内层为致密而错综的丝状细胞，外层由与藻体表面垂直生长的小细胞组成，有毛窠。

（十三）铁钉菜科 Ishigeaceae Okamura, 1935

特征同目。在中国海域仅报道1属2物种。

52 铁钉菜
Ishige okamurae Yendo, 1907

地方名 铁钉、破网

分类地位 褐藻纲 Phaeophyceae，铁钉菜目 Ishigeales，铁钉菜科 Ishigeaceae

形态特征 藻体暗褐色，干后呈黑色，被有白霜，水浸后展平，呈灰褐色至黄绿色。直立，丛生，主枝细条状，长4~12 cm，直径1~1.5 mm。复叉状分枝，分枝细圆柱形，微有棱角，或略扁圆。基部固着器小盘状，具圆锥形短柄。革质，坚脆，易折断，故有"铁钉"之称。

生态习性 生长在中潮带岩石上。生长盛期为6—8月。

地理分布 本种系亚热带性海藻。国外分布于韩国、日本等地。国内分布于浙江、福建、广东。浙江沿海优势种，舟山产于嵊泗、东极、普陀、朱家尖、桃花岛等地。

铁钉菜

53 叶状铁钉菜

Ishige sinicola (Setchell & N. L. Gardner) Chihara, 1969

同物异名 *Polyopes sinicola* Setchell & N. L. Gardner, 1924

分类地位 褐藻纲 Phaeophyceae，铁钉菜目 Ishigeales，铁钉菜科 Ishigeaceae

形态特征 干后呈黑色，海水浸泡后即恢复为褐色。主枝不明显，复叉状分枝，薄扁平膜状，呈扇形扩展。"叶"长5~20 cm，宽0.5~2.0 cm，有时可超过5 cm。基部固着器小盘状，具圆锥形短柄。革质，坚脆，易折断。

生态习性 生长在中潮带岩石上，或附生于铁钉菜上。生长盛期为4—6月。

地理分布 本种系亚热带性海藻。国外分布于韩国、日本等地。国内主要分布于东南沿海。舟山产于嵊泗。

叶状铁钉菜

九、海带目 Laminariales

藻体一般都很大，圆柱形或扁平，中实或中空，单条或分枝。外部可分为三部分：①固着器，圆柱形或假根状分枝，枝单条或再分枝，末端为扁平的附着盘；②柄部，圆柱形或稍扁圆，单条，叉状或不规则地分枝；③叶片，单叶或有数个叶片。内部构造也可分为三部分：髓部、皮层、表皮。

海带目有明显的世代交替。孢子体只能产生单室孢子囊，由表皮细胞形成，圆柱形，具侧丝，常群生或生于叶片上，或只限于特殊的孢子叶上。配子体微小，丝状，卵配生殖。

（十四）翅藻科 Alariaceae Setchell & Gardner, 1925

孢子体直立，单条或不规则分枝。固着器圆柱形，具分枝的假根。叶片扁平，带状，边缘羽状分裂，中肋明显。髓部细胞丝状，皮层细胞小。叶片表面具毛窝，散生，存在黏液腺。

54 裙带菜
Undaria pinnatifida (Harvey) Suringar, 1873

地方名	海芥菜、裙带
同物异名	*Alaria pinnatifida* Harvey, 1860
分类地位	褐藻纲 Phaeophyceae，海带目 Laminariales，翅藻科 Alariaceae
形态特征	属大型藻类，藻体黄褐色，高30～200 cm，宽20～100 cm。藻体明显分为固着器、柄部及叶片。固着器假根状，叉状分枝。柄部扁平，相对较长，成熟藻体柄两侧生有木耳状重叠皱褶的孢子叶。在孢子叶上形成单室孢子囊。叶片羽状分枝，长条形，具有中肋，无刺，叶面上散布着许多黑色小斑，叶表生有无色丛毛。藻体内部由髓部、皮层和表皮组成，具黏液腺，无黏液腔，有毛窝。生活史具有明显的异形世代交替，单倍体的雌雄配子体微型，双倍体的孢子体大型。
生态习性	生长在风浪较大的低潮带石沼中和低潮线及低潮线以下1～2 m深的岩石上。1年生，生长盛期为4—6月。
地理分布	国外分布于美洲、东南亚、北欧及日本、韩国等地。国内分布于辽宁、浙江、福建、山东、广东、广西和台湾。舟山嵊山、枸杞等地有零星分布。

裙带菜

（十五）海带科 Laminariaceae Bory, 1827

孢子体由固着器、柄和茎三部分组成。柄部一般不分枝。叶片的形状很多，简单或复杂，全缘或有缺刻。中肋有或无。表面光滑或有各种粗糙的结构，有时有孔。内部分为髓部、内皮部和皮层三部分。有些属有黏液腺、黏液腔道和毛窝，或有其中一二，或全缺，孢子囊生在叶片上，常扩展至很大的面积。侧丝顶端冠以无色透明的黏帽。配子体微小、丝状，分枝游离。

55 海带

Saccharina japonica (Areschoug) Lane, Mayes, Druehl & Saunders, 2006

地方名	昆布、江白菜
同物异名	*Laminaria japonica* Areschoug, 1851
分类地位	褐藻纲 Phaeophyceae，海带目 Laminariales，海带科 Laminariaceae
形态特征	属大型海藻，藻体褐色至深褐色，具光泽，革质。外形似长带，长1～6 m，宽10～30 cm，故名海带。藻体明显分为固着器、柄部和叶片三部分，固着器分枝假根状；柄部扁圆、扁平或圆柱形。叶片略薄，长带状，有褶皱，边缘波浪状，中央常有两条平行纵沟，中间部厚。内部构造分为三层，表皮2～3层细胞，细胞小，有色素；皮层细胞较大，细胞间有黏液腔，边缘有黏液腺细胞；髓部由喇叭状丝体交织而成。膨大处有筛板。单室孢子囊由皮层细胞分裂产生；孢子囊通常着生于1年生海带叶片的基部，为近圆形的斑疤状；2年生的藻体除叶的边缘外，孢子囊几乎蔓延至整个叶片。
生态习性	生长在大干潮线下1～3 m或更深的岩石上，或附生于浮桶以及海带养殖筏上。
地理分布	本种系亚寒带性藻类。北太平洋、大西洋均有分布。国内分布于辽宁、浙江、福建、山东、广东、广西和台湾。舟山嵊山、枸杞、桃花岛等地有零星分布。

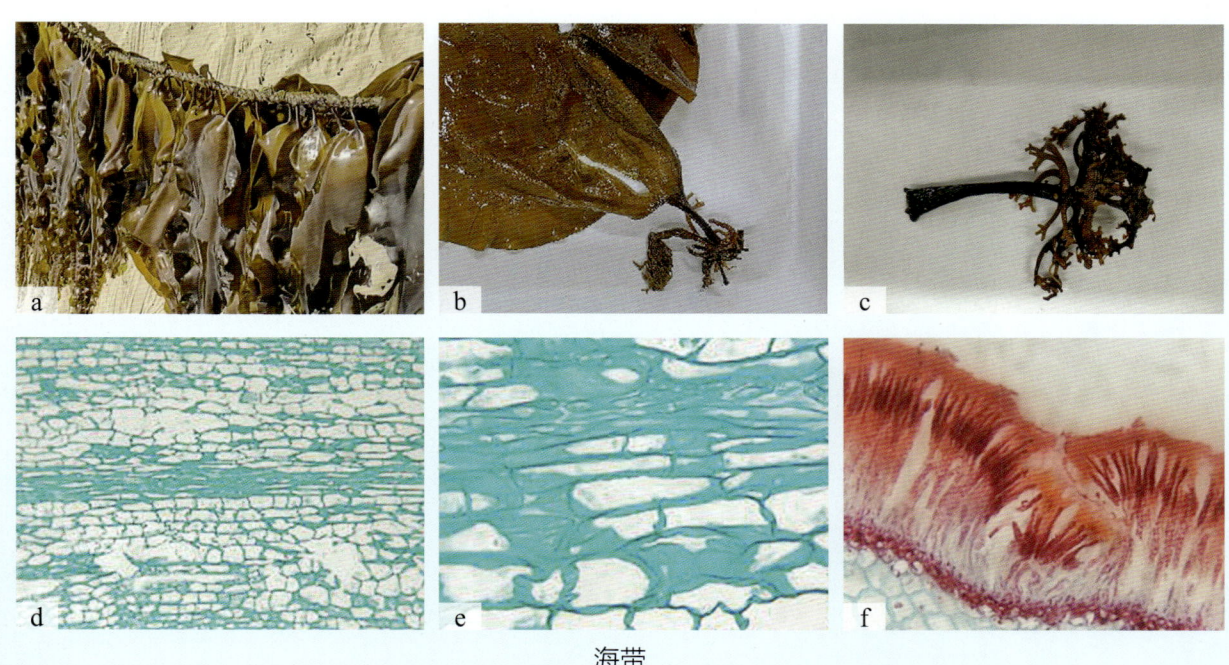

海带

a.植株形态　b、c.藻体固着器　d.叶片横切　e.髓部　f.孢子囊群

十、褐壳藻目 Ralfsiales

藻体呈皮壳状，为假膜体，多丛生，分成上下两部分。下部藻丝呈水平辐射状，藻丝在侧面互相连接成扁平基层，上部的则由基层向上形成直立丝体层。在藻体表面的内凹部位形成单条或成束的无色毛，毛基生长。同形世代交替。孢子体产生单室和多室孢子囊，由藻体上层细胞形成，群生，具侧丝或否。配子体产生配子囊，群生，无侧丝，顶生或间生，常呈串状。

（十六）褐壳藻科 Ralfsiaceae Farlow, 1881

特征同目。

56 疣状褐壳藻
Ralfsia verrucosa (Areschoug) Areschoug, 1845

同物异名	*Cruoria verrucosa* J. E. Areschoug, 1843
分类地位	褐藻纲 Phaeophyceae，褐壳藻目 Ralfsiales，褐壳藻科 Ralfsiaceae
形态特征	藻体黑褐色，硬壳状，直径可达3～4 cm，厚1～1.5 mm，紧密附着于基质上。幼体圆形，边缘光滑；成体粗糙，松脆易碎。
生态习性	附生于中潮带至低潮带的岩石上，常见于石沼中。全年生长。
地理分布	国外分布于日本、朝鲜、韩国。国内分布于黄海、渤海沿岸。舟山普陀、枸杞等地有零星分布。

疣状褐壳藻（依 AlgaeBase）

十一、黑顶藻目 Sphacelariales

藻体小型，丛生成束，顶细胞大而明显，无类似茎、叶的分化。生活史中有配子体和孢子体两个世代，配子体与孢子体同形。有性生殖方式为同配生殖或异配生殖。

（十七）黑顶藻科 Sphacelariaceae Decaisne, 1842

特征同目。

57 叉状黑顶藻
Sphacelaria rigidula Kützing, 1843

地方名 颇硬黑顶藻

同物异名 *Sphacelaria furcigera* Kützing, 1855

分类地位 褐藻纲 Phaeophyceae，黑顶藻目 Sphacelariales，黑顶藻科 Sphacelariaceae

形态特征 藻体棕褐色，丝状丛生，高 5~6 mm，基部由分枝假根密集组成基盘。直立丝体着生于基盘上，分节，有不规则分枝，表面观通常每节由 2 或 3 列细胞组成。毛较多，着生于丝体顶部或侧面。色素体盘状。繁殖体呈辐射状三叉分枝，体节上部粗，向下渐细；臂节 3 个，着生于体节上端，放射状，两臂节夹角大于 90°，臂节上部细，向下渐粗。单室囊卵形，基部具短柄，常常和繁殖体生长在同一个丝体上。

生态习性 生长在中潮带的岩石上或其他藻体上。生长盛期为 6—8 月。

地理分布 本种系泛暖温带性海藻。国外分布于越南、泰国、马来西亚等地。我国东南沿海均有分布。舟山群岛有零星分布。

叉状黑顶藻

58 三叉黑顶藻
Sphacelaria fusca (Hudson) S. F. Gray, 1821

同物异名 *Conferva fusca* Hudson, 1762

分类地位 褐藻纲 Phaeophyceae，黑顶藻目 Sphacelariales，黑顶藻科 Sphacelariaceae

形态特征 藻体棕褐色，丝状丛生，高 12~15 mm。基部由分枝假根密集组成基盘。直立丝体着生于基盘上，分节，有不规则分枝，表面观通常每节由 2 或 3 列细胞组成。主丝体毛较多，着生于丝体顶部或侧面。色素体盘状。繁殖体呈辐射状三叉分枝，体节上部粗，向下渐细。臂节 3 个，着生于体节上端，放射状，两臂节夹角大于 90°，臂节上部细，向下渐粗。单室囊卵形，基部具短柄，柄细胞 1 个，常常和繁殖体生长在同一个丝体上，繁殖体多生长在丝体上部，单室囊多生长在丝体下部。

生态习性 生长在中潮带的岩石上或其他藻体上。生长盛期为 6—8 月。

地理分布 本种系泛暖温带性海藻。国外分布于英国、法国、印度尼西亚和澳大利亚等地。我国东南沿海均有分布。舟山群岛有零星分布。

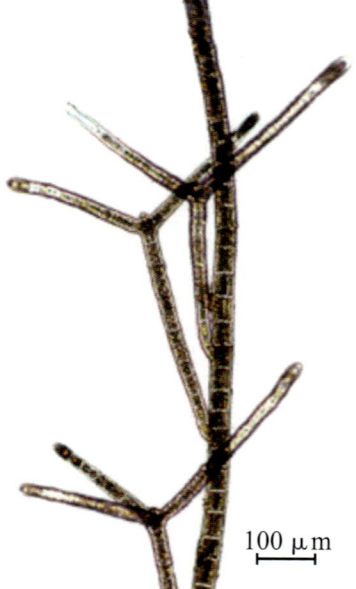

三叉黑顶藻

红藻门 Rhodophyta

红藻门物种的共同特征：①通常呈特殊的红色，因为其色素体含有藻胆蛋白。每种红藻生活的水层不一，其所含的藻胆蛋白比例不同，因此颜色从鲜红色到深红色不等。②生殖细胞都无鞭毛，不能运动。有性生殖产生无鞭毛的雄配子（即不动精子），雄配子在水流的作用下到达雌性器官（即果胞）与卵结合；无性生殖产生的孢子没有鞭毛不能游动。③红藻门的物种几乎都是海生种，营底栖生活。

红毛菜纲 Bangiophyceae

红毛菜纲藻体结构简单，有单细胞的物种（如紫球藻属）、丝状的物种（如毛红藻属）、膜状的物种（如紫菜属）。藻体生长一般为无定点的散生长。细胞间一般无胞间联系，大多数细胞含1轴生星形色素体，色素体中央具有无淀粉鞘的淀粉核。

无性生殖：营养细胞直接分裂或形成单孢子。形成孢子的数目不等，角毛红藻属的母细胞只形成1个孢子；星丝藻属的母细胞产生斜壁分成不等的两个部分，小的细胞形成孢子；红毛菜属的细胞分裂成2个或4个子细胞，分别形成孢子；紫菜属的营养细胞与表面呈垂直分裂，形成单孢子。

有性生殖：果胞具原始受精丝，由普通营养细胞变化而成，只产生1个卵。精子囊母细胞为普通营养细胞变化而成，经过多次分裂产生32~128个精子囊，每个精子囊产生1个不动精子。不动精子离开母体后，随水漂流，遇果胞后黏着于果孢突起的原始受精丝上，接触处逐渐融化，伸延出1精子管，精子的内容物由此进入果胞基部，和卵核融合成合子。合子的第一次分裂为减数分裂，后经有丝分裂形成4、8、16个单倍体的果孢子。红毛菜亚纲藻类多数海生，少数生于淡水，阴湿的地面也能生长。

十二、红毛菜目 Bangiales

细胞单核，通常有1个单独的星形色素体，含有1个淀粉核，藻体偶尔为单细胞体，通常是多细胞，丝状或非丝状，如叶形、圆柱形。生长方式为间分裂。无性生殖时，由营养细胞直接变化或是由一个营养细胞分裂形成单孢子。有性生殖只有少数几个属具有。精子由一个营养细胞分裂形成。果孢具有很短的受精丝，是由一个营养细胞直接变化而成，受精卵反复分裂形成果孢子。生活史属异形世代交替，具有微观的孢子体世代及宏观的配子体世代。

（十八）红毛菜科 Bangiaceae Duby, 1830

藻体为不分枝丝体，单层或双层膜状体；细胞具单核和1个内含1个淀粉核的星形色素体。无性生殖时，由营养细胞分裂成2个、4个或多个细胞，每个细胞再形成1个单孢子。有性生殖时，精子囊和果胞直接由营养细胞形成。果胞受精后形成合子，合子经减数分裂后，再进行有丝分裂产生32个果孢子。生活史为异形世代交替。

59 红毛菜
Bangia fuscopurpurea (Dillwyn) Lyngbye, 1819

同物异名	*Conferva fuscopurpurea* Dillwyn, 1807
地方名	紫菜苔
分类地位	红藻纲 Rhodophyceae，红毛菜目 Bangiales，红毛藻科 Bangiaceae
形态特征	藻体柔软，胶质，光滑，暗褐红色并带一些光泽，线形，不分枝，圆柱形，直立，高5～15 cm，形似扩展的羊毛层。基部具匍匐茎状的固着器，其上为1圆柱形短柄，短柄向上扩张成扁平宽线形叶状，不规则叉状分枝，枝端钝圆，枝基缢缩，边缘为全缘。囊果半球形，生长在枝上或枝的两缘。雌雄异体，生殖部分多少呈不规则的念珠状，具有成熟精子囊的藻体顶端呈淡黄色。具有果孢子的藻体呈深紫红色，同时藻体较粗。制成的蜡叶标本不完全附着于纸上。
生态习性	生长在中、高潮带的岩礁、贝壳上或紫菜养殖筏架上。生长盛期为12月至次年2月。
地理分布	国外分布广泛，日本、韩国、北太平洋、大西洋、俄罗斯等地均有分布。国内分布于辽宁、浙江、福建、山东、广东、广西和台湾。舟山嵊山、枸杞等地有零星分布。

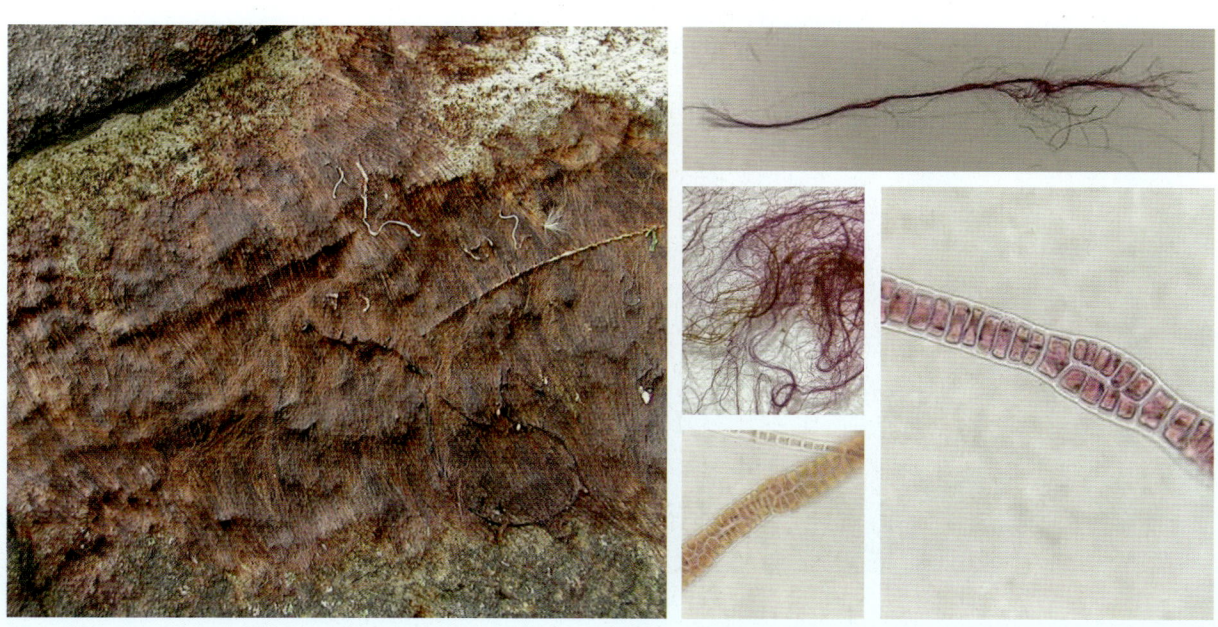

红毛菜

60 小红毛菜
Bangia gloiopeltidicola Tanaka, 1950

分类地位 红藻纲 Rhodophyceae，红毛菜目 Bangiales，红毛藻科 Bangiaceae

形态特征 藻体紫红色，很小，简单，线形，不分枝的丝体，丛生，体长 1～2 cm，松软地附生在海萝藻体上，形成一层紫红色的绒毛。利用由基细胞生长的假根丝固着在基质上，藻丝最初为单列细胞，细胞正方形，圆角，以后细胞纵向分裂成多列细胞。雌雄异体。

生态习性 生长在高潮带附近的海萝或者其他藻体上。

地理分布 国外分布于日本。国内分布于浙江、山东。舟山桃花岛等有零星分布。

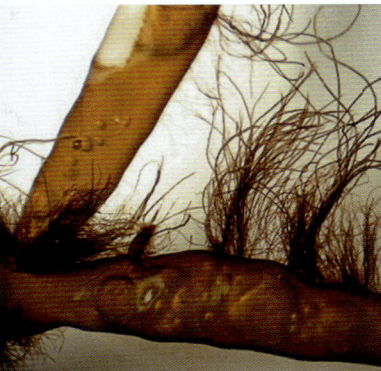

小红毛菜

61 刺边紫菜

Porphyra dentimarginata Chu Chia-yen & Wang Su-chuan, 1960

地方名	紫菜
分类地位	红藻纲Rhodophyceae，红毛菜目Bangiales，红毛藻科Bangiaceae
形态特征	藻体橄榄绿色或稍带褐色，高2～12 cm，最高可达14 cm。叶状体为圆形或椭圆形，顶端略尖或呈花朵形，膜质，单层细胞，厚76～120 μm。营养细胞切面观为长方形，四角略圆，高35～48 μm，宽16～26 μm。叶片边缘由2～6个退化细胞组成，边缘有锯齿。雌雄异体。精子囊具128个精子；果孢子囊具16～32个果孢子。
生态习性	本种发现于普陀山中潮带的岩石上。生长期为冬季至次年4月。
地理分布	我国特有种，分布于浙江舟山。

刺边紫菜

62 长紫菜
Porphyra dentata (Kjellman) Kikuchi & Miyata, 2011

地方名	紫菜
同物异名	*Porphyra dentata* Kjellm, 1897
分类地位	红藻纲Rhodophyceae，红毛菜目Bangiales，红毛藻科Bangiaceae
形态特征	叶状体细长，披针形或倒卵形，基部心脏形，边缘平坦，稀有皱褶，具微锯齿。植物体由一层细胞构成，厚39～62μm。雌雄异体。精子囊黄色，位于叶状体两侧边缘；果孢子囊红色，位于两侧边缘或分布在整片叶状体的上部。
生态习性	生长在高潮带及潮间带的岩石上。
地理分布	国外分布于日本、朝鲜、韩国等地。国内分布于浙江、福建、广东、台湾、香港。舟山嵊山、普陀山、中街山、渔山等地有零星分布。

长紫菜（依 Masahiro Suzuki）

63. 坛紫菜
Porphyra haitanensis (Chang & Zheng) Kikuchi & Miyata, 2011

地方名 紫菜、乌菜

同物异名 *Porphyra haitanensis* T. J. Chang et B. F. Zheng Baofu, 1960

分类地位 红藻纲 Rhodophyceae，红毛菜目 Bangiales，红毛藻科 Bangiaceae

形态特征 藻体紫红色，片状，膜质，长卵形、长圆形或披针形。长 10～40 cm，宽 3～10 cm，厚 65～110 μm，基部圆形或心脏形，边缘稍有皱褶且具不规则刺状突起。藻体细胞单层或多层，内含一个或两个星状色素体。雌雄同体或异体。雌雄同体时，果孢子囊和精子囊分别生于藻体的各部。无性生殖时不产生单孢子。

生态习性 生长在中、高潮带岩礁上。耐干性特别强。

地理分布 我国特有种，产于浙江、福建，舟山分布于嵊泗群岛。

坛紫菜

64 圆紫菜
Pyropia suborbiculata (Kjellman) Hwang & Nelson, 2011

同物异名 *Porphyra suborbiculata* Kjellm, 1897

分类地位 红藻纲Rhodophyceae，红毛菜目Bangiales，红毛藻科Bangiaceae

形态特征 藻体紫色或紫红色，圆形或肾脏形，少数为漏斗形，一般不呈裂片状，宽3~8 cm，少数可达10 cm以上，高2~3 cm，最高可达6 cm。基部心脏形，少数为楔形。边缘细胞有显著的锯齿状。藻体厚约40 μm。切面观细胞高28~30 μm，宽18~25 μm，单层，色素体单一。生长假根丝的附着细胞圆球形。

生态习性 生长在中、高潮带岩礁上。生长盛期为12月至次年4月。

地理分布 国外分布于日本、朝鲜、菲律宾、越南。国内分布于江苏、浙江、福建、山东、广东、香港。浙江沿海优势种，舟山分布于嵊泗、东极。

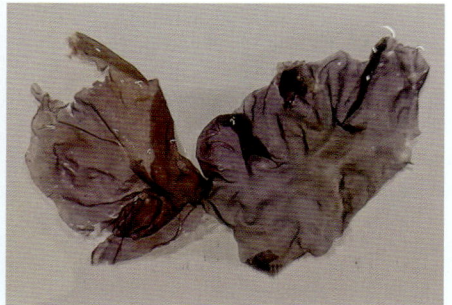

圆紫菜

65 条斑紫菜
Pyropia yezoensis (Ueda) Hwang & Choi, 2011

同物异名	*Porphyra yezoensis* Ueda, 1932
分类地位	红藻纲 Rhodophyceae，红毛菜目 Bangiales，红毛藻科 Bangiaceae
形态特征	藻体暗棕红色，近基部呈蓝绿色，长10～70 cm，宽2～15 cm，厚35～50 μm，卵形或长卵形，基部圆形或心脏形，边缘光滑无皱褶。藻体由单层细胞组成，细胞多角形，呈不规则排列，胶质膜较薄，长假根丝的附着细胞卵形或长棒形。色素体1个，星状。雌雄同体。精子囊混生在紫色的果孢子囊中，呈花白色条斑状。
生态习性	多生长在中潮带岩石上。生长盛期为2—3月。
地理分布	国外分布于日本。国内分布于辽宁、浙江、福建、山东。舟山分布于枸杞。

条斑紫菜（依 Masahiro Suzuki）

真红藻纲 Florideophyceae

本纲的种类，占整个红藻门中的绝大多数，几乎全部都是海生种，大多数藻体中等大小。藻体由多细胞组成，细胞间有原生质丝，胞间纹孔连结；细胞单核或多核，一般具两个以上侧生的盘状色素体；藻体丝状或非丝状，单轴或多轴，生长方式大部分为顶端生长；非丝状的藻体为圆柱形或叶片形，分枝或不分枝，表皮和内部细胞常有明显的区别。

孢子体产生四分孢子，某些种类产生单孢子、多孢子和二分孢子等。果孢子体寄生在配子体上，只产生果孢子。

配子体上有不动精子囊，产生不动精子。精子囊有的聚集成簇，组成囊群，有的生在生殖窝内，有的生在特殊的枝上。果胞为一个细胞构成，上部有一条细长的受精丝。果胞常生长在一种叫果胞枝的特殊丝体的末端上，受精以后，随之产生一种特殊的丝体，称为产孢丝。有些种类的产孢丝自果胞上长出，有些种类则发生于辅助细胞上。产孢丝中的细胞核源于合子核或由合子核分裂的部分。产孢丝的整体或某些细胞发育成果孢子囊。每个果孢子囊除少数情况会有4个果孢子外，一般只含一个果孢子。许多产孢丝围绕在原来的果胞或辅助细胞的周围，形成小块，这个团块在藻类学上称为囊果，也就是红藻类生活史中的果孢子体。囊果有的孤生，有的互相接近形成囊群，形成生殖瘤或生殖窝。囊果有的裸露在藻体的表面，有的外面有包被物（即"囊果被"）；或突出于藻体的表面，或埋卧于藻体中。合子中核的分裂有减数分裂和等分裂两种方式。前者所产的果孢子，具有单相的核，萌发后长成配子体；后者所产生的果孢子，具有双相的核，萌发后长成双相的、与配子体形状和营养构造相同的四分孢子体（部分种类异形）。四分孢子体成熟时，藻体一般长出四分孢子囊，但少数种类产生多孢子囊；它们分别产生4个或4个以上的孢子。这两种孢子囊的幼期，除极少数种外，囊核进行减数分裂，四分孢子和多孢子都具单相的核，它们萌发后都长成配子体。真红藻亚纲共分11个目。

十三、仙菜目 Ceramiales

藻体单轴型，丝状或非丝状，直立或匍匐，丝状的藻体不具皮层，或仅主枝具皮层，或全具皮层。非丝状的藻体呈多管状或叶状，具皮层或无皮层。中轴细胞由顶端细胞分化而成。

无性生殖时，四分孢子体产生的四分孢子囊突起或埋于皮层内，单生或群生于特殊的枝上，十字形或四面锥形分裂。

有性生殖时，雄配子体产生的精子囊集生或伞房状，有的因特殊的藻丝紧密地生长或集生成精子囊群。雌配子体的果胞枝由4个细胞组成，每个支持细胞产生一个果胞枝，极少数种每一个支持细胞产生成对的果胞枝，支持细胞一般为围轴细胞，围轴细胞由中轴细胞分裂而成。果胞受精后支持细胞分裂形成辅助细胞，产胞丝由辅助细胞产生，产胞丝全部细胞或仅顶端细胞发育成果孢子囊。成熟囊果裸露或由藻丝包围，形成果被。

（十九）仙菜科 Ceramiaceae Dumoritier, 1822

藻体为单轴型，极少数为多轴型，无皮层，或仅主枝具皮层，或全具皮层。顶端生长，由顶端细胞横分裂或斜分裂发育成一列中轴细胞。具皮层的种类，其皮层的发生，最初是在节部产生1环细胞，有的种类此细胞不伸展，仅在节部具皮层，有的伸展到节间，呈丝状，最后形成薄壁细胞，节和节间均具皮层。四分孢子囊十字形或四面锥形分裂，具柄或无柄，单生或在节部轮生，有些种类形成多孢子囊。精子囊生在特殊分枝上，往往集生成簇，无色，有的种类散生在皮层内，果胞枝由4个细胞组成。果胞受精后，支持细胞或邻近的围轴细胞形成一个或多个辅助细胞，产孢丝由辅助细胞产生，产孢丝的全部细胞或大部分细胞或仅顶端细胞发育成果孢子囊，成熟囊果裸露或部分或全部被内弯的藻丝总苞包围。

66 凝菜
Campylaephora crassa (Okamura) Nakamura, 1950

地方名	冻菜
同物异名	*Ceramium crassum* Okamura, 1930
分类地位	真红藻纲 Florideophyceae，仙菜目 Ceramiales，仙菜科 Ceramiaceae
形态特征	藻体暗红色至淡黄色，圆柱形，高3～25 cm，主轴直立，宽0.5～0.7 mm，较短，分枝二叉状，展开呈聚伞状或伞房状。固着器圆锥形，边缘不规则，直径1～2 mm，由假根丝细胞组成。小枝常规则或不规则二叉分枝，常呈一个平面。侧枝简单，或二叉分枝、多叉分枝，顶端直或稍内弯。节与节间全具皮层，主枝节间皮层宽500～800 μm，向着顶端和基部逐渐变为较狭、较短。皮层细胞4～5层，藻体下部皮层细胞有时变为细长、纵向的似假根丝细胞。
生态习性	多附生于其他藻体上。
地理分布	国外分布于太平洋、日本、朝鲜。国内分布于辽宁、浙江、福建、山东、广东、香港。舟山产于枸杞。

凝菜

67 钩凝菜
Campylaephora hypnaeoides J. Agardh, 1851

地方名 弯毛藻

分类地位 真红藻纲 Florideophyceae，仙菜目 Ceramiales，仙菜科 Ceramiaceae

形态特征 藻体暗红色或略带黄色，枝圆柱形，高 10~20 cm，老枝部分直径为 1 mm。藻体早期直立，后缠结成团，固着器由假根细胞形成，呈圆锥状。主枝为不规则的叉状分枝，枝展开，上部分枝往往偏向一侧，分枝顶端多少呈钩状屈曲，有时为镰刀形的弯钩，钩的尖端具有钳形小枝。主枝和分枝全具皮层，直径约为 250 μm，长为直径的 1~1.5 倍。中轴细胞大，皮层细胞 2 层以上，由内向外逐渐变小，表皮细胞最小，表皮细胞具粒状色素体，在皮层细胞间掺有假根丝。

生态习性 生长在低潮带岩石上或缠绕在其他藻体上。

地理分布 国外分布于太平洋、日本、朝鲜。国内分布于辽宁、河北、山东、浙江。舟山产于嵊山。

钩凝菜

68 纵胞藻
Centroceras clavulatum (C. Agardh) Montagne, 1846

同物异名 *Ceramium clavulatum* C. Agardh, 1822

分类地位 真红藻纲 Florideophyceae，仙菜目 Ceramiales，仙菜科 Ceramiaceae

形态特征 藻体暗红色，稍硬，呈软骨质，干后较脆。藻体丝状，圆柱形，直立，丛生，分节清晰，有时枝下部匍匐交织，高 2~5 cm，由下部生出的毛状根附着于基质上。主枝规则地双叉分枝，偶尔产生三分枝或不定枝，枝的末端向内弯曲或呈钳形。体表细胞长方形，纵列成 1 圆周。节部有轮生刺状突起。

生态习性 生长在礁湖内低潮线下的死珊瑚体上，或附生于其他藻体上。

地理分布 国外分布于日本、朝鲜、西印度群岛、墨西哥湾、加勒比海、地中海。国内分布于浙江、福建、广东、海南等地。舟山产于嵊山、中街山、普陀山、渔山等地。

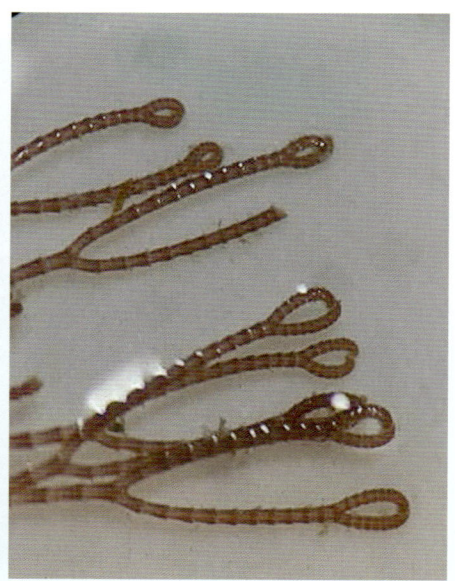

纵胞藻

69 波登仙菜
Ceramium boydenii E. S. Gepp, 1904

分类地位 真红藻纲 Florideophyceae，仙菜目 Ceramiales，仙菜科 Ceramiaceae

形态特征 藻体深红色，往往丛生缠结在一起呈团块。高 4～10 cm。初生分枝开始有规则，后为不规则，有小枝轮生，在小枝的节部生有相互交错的毛状根。衰老的藻体上有单生、对生或轮生的小分枝，小枝长 1～2 mm，分枝的顶端直生或稍向内弯曲。节间长与直径相等或为直径的 1.5～2 倍。藻体全部具皮层，皮层细胞由中轴细胞分裂而成。精子囊无柄，点状，覆盖于藻体表面，囊果具 5～6 瓣裂总苞，生于生育枝末端或次末端。

生态习性 生长在内低潮带或石沼中，或附生于其他藻体上。

地理分布 国外分布于日本、朝鲜、西印度群岛、墨西哥湾、加勒比海、地中海。国内分布于辽宁、河北、山东、浙江等地。舟山产于嵊山。

波登仙菜（依 Masahiro Suzuki）

70 日本仙菜
Ceramium japonicum Okamura, 1896

分类地位 真红藻纲 Florideophyceae，仙菜目 Ceramiales，仙菜科 Ceramiaceae

形态特征 藻体玫瑰红色至紫红色，高3~11 cm。基部常匍匐，以假根丛生在其他藻体上。不规则或叉状多回羽状分枝，分枝或小枝常偏向一侧，主轴上具多数分枝或小枝，特别是在上部，顶端伸直，逐渐尖细。藻体全部具皮层，分节明显，中轴细胞大，近圆形，皮层细胞2~4层，内大外小，具色素体。四分孢子囊圆形，生于藻体上部分枝节部的皮层内，锥形分裂，但常十字形分裂。囊果无柄侧生于小枝的末端或次末端的生育枝上，单个或常成对纵列在小枝的一侧，外具4~7个苞片。

生态习性 生长在内低潮带或石沼中，或附生于其他藻体上。

地理分布 国外分布于日本、朝鲜。国内分布于辽宁、河北、山东、浙江、海南等地。舟山产于嵊山、中街山、渔山。

日本仙菜（依 Masahiro Suzuki）

71 三叉仙菜
Ceramium kondoi Yendo, 1920

分类地位 真红藻纲 Florideophyceae，仙菜目 Ceramiales，仙菜科 Ceramiaceae

形态特征 藻体直立，红色，高5~30 cm。基部有1小的圆锥状、扁圆形固着器固着基质。主轴上有许多小分枝，分枝为两叉、三叉或四叉分枝，主要为三叉分枝。具明显的节与节间，各小枝由节间不同方向伸出，分枝的顶端具钳形或直生的小分枝。节与节间均具皮层细胞。精子囊一般在雄藻体分枝的上部节部排列成一圈。成熟囊果侧生，无柄，生于雌性藻体分枝或小枝的次末端或生育枝的末端，单个或成列。

生态习性 生长在低潮带岩石上或附生于其他藻体上。

地理分布 国外分布于太平洋。国内分布于辽宁、河北、山东、浙江、福建。浙江沿海常见种，舟山产于嵊山、普陀山、中街山、渔山。

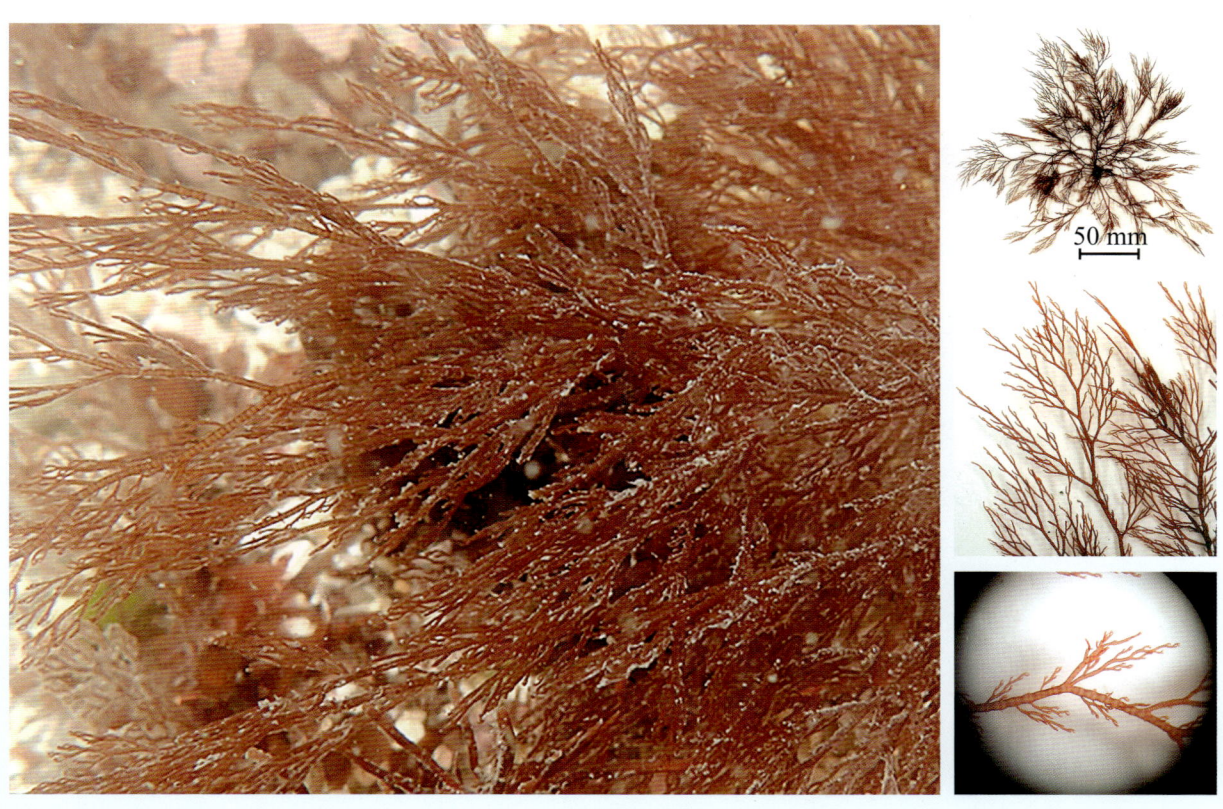

三叉仙菜

72 柔质仙菜
Ceramium tenerrimum (G. Martens) Okamura, 1921

同物异名 *Hormoceras tenerrimum* G. Martens, 1866

分类地位 真红藻纲 Florideophyceae，仙菜目 Ceramiales，仙菜科 Ceramiaceae

形态特征 藻体纤细，丛生，高0.3～4 cm，复双叉分枝，枝越向上越细，顶端双叉分枝，内弯成钳形，外侧边缘齿状。仅节部具皮层，皮层带高47～51 μm，直径84～120 μm，细胞排列不规则，细胞为多角形，上部小而下部大，色素体片状侧生。节间下部比上部长。四分孢子囊1～2个偏生于节部突出一侧，下部由皮层细胞包被，锥形分裂。精子囊生于皮层细胞周围。囊果较大，由皮层细胞生出，被2～3条小枝包围。

生态习性 生长在低潮带岩石上或附生于其他藻体上。

地理分布 国外分布于地中海、美国、日本、朝鲜。国内分布于辽宁、河北、山东、浙江、福建、海南。舟山产于嵊山、普陀山、中街山、渔山。

柔质仙菜

（二十）红叶藻科 Delesseriaceae Bory, 1828

藻体呈叶片状、扁平，偶尔有丝状或网状，具中肋或叶脉。藻体顶端生长，由一个顶端细胞分裂衍生的细胞相互连接形成的一层或数层细胞组成。果胞枝由4个细胞组成，受精后支持细胞分割出辅助细胞，产孢丝由薄壁组织状囊果被包被。四分孢子囊四面锥形分裂。

73 具钩顶群藻
Acrosorium venulosum (Zanardini) Kylin, 1924

同物异名	*Nitophyllum venulosum* Zanardini, 1866
分类地位	真红藻纲 Florideophyceae，仙菜目 Ceramiales，红叶藻科 Delesseriaceae
形态特征	藻体玫瑰红色，膜质，高 1.8～3 cm。不规则分叉，枝宽 2～5 mm，枝边缘全缘或具齿，顶端枝常弯曲成钩状。显微细脉纵走，非网状。囊果呈半球形，突出于体表。
生态习性	生长在低潮带附近岩石上或缠绕在珊瑚藻等藻体上。
地理分布	国外分布于日本、朝鲜、韩国、美国、墨西哥、巴西、大西洋。国内分布于山东、浙江、福建、海南。舟山产于中街山等地。

具钩顶群藻

74 顶群藻
Acrosorium yendoi Yamada, 1930

分类地位 真红藻纲 Florideophyceae，仙菜目 Ceramiales，红叶藻科 Delesseriaceae

形态特征 藻体深红色，丛生，膜质，不规则叉状分枝，高2～6 cm，枝宽1～3 mm，枝全缘，高枝端近方形。上部枝游离，基部枝缠绕在一起，枝的腹面有假根状突起，以此附着在基质上。显微细脉纵走，非网状。切面观，藻体厚55～63 μm，除藻体边缘为1层细胞外，一般为3～6层细胞。四分孢子囊群生在小育枝上或藻体边缘。

生态习性 生长在低潮带附近的岩石上或附生在其他藻体上。

地理分布 国外分布于日本、朝鲜、韩国。国内分布于山东、浙江、福建、广东、香港。舟山产于嵊泗、中街山、普陀等地。

顶群藻

75 绒线藻
Dasya villosa Harvey, 1844

分类地位 真红藻纲 Florideophyceae，仙菜目 Ceramiales，红叶藻科 Delesseriaceae

形态特征 藻体直立，主干圆柱形，幼时紫红色，成熟期暗紫色，高 1.5～10 cm，最高可达 15 cm，密生毛状枝，自枝的皮层按一定的顺序产生，向各个方向展开，腋成锐角，其基部由一列细胞组成，叉状分枝，向顶端逐渐变细。枝下部及幼体的节部直径小。主轴及主枝全部具皮层，皮层细胞圆柱形，排成叉状或网状遮盖藻体表面，具 1 个中轴细胞和 5 个围轴细胞。毛状枝为单管型或基部为多管型。四分孢子囊枝生于毛状枝之间，孢子囊由其顶端形成，具由一列细胞组成的柄。幼孢子囊枝为卵形或披针形，成长后为长卵形，顶端细长圆柱形。

生态习性 生长在低潮带岩石上、贝壳上或其他藻体上。

地理分布 国外分布于日本、澳大利亚。国内分布于辽宁、河北、山东、浙江。舟山产于普陀。

绒线藻（依 AlgaeBase）

76 日本绒管藻
Dasysiphonia japonica (Yendo) H. -S. Kim, 2012

同物异名 日本异管藻 *Heterosiphonia japonica* Yendo, 1920

分类地位 真红藻纲 Florideophyceae，仙菜目 Ceramiales，红叶藻科 Delesseriaceae

形态特征 藻体直立，玫瑰红色。常数株主枝聚集，由小盘状固着器生出。高 2.5~18 cm，最高可达 20 cm。主枝圆柱形或稍扁压，3~4 回羽状分枝，由节部生出，稍弯曲。小分枝呈背腹排列，1~2 回羽状分枝，小枝细长，向上逐渐变细。主轴和主分枝具一个中轴细胞和 4~5 个围轴细胞及由围轴细胞产生的皮层，为多管型，小羽枝为单管型或基部为多管型，但无皮层。四分孢子囊枝披针形、长卵形，具单列细胞的柄，生于单管型小羽枝顶端或多管型基部，往往 2~3 个集生。精子囊枝生于雄配子体小羽枝的顶端，单生或 3~5 个集生。

生态习性 生长在低潮带石沼中或潮下带岩石上。

地理分布 国外分布于日本、朝鲜、美国。国内分布于辽宁、河北、山东、浙江、福建。舟山产于嵊山。

日本绒管藻

77 美丽异管藻
Heterosiphonia pulchra (Okamura) Falkenberg, 1901

同物异名 *Dasya pulchra* Okamura, 1896

分类地位 真红藻纲 Florideophyceae，仙菜目 Ceramiales，红叶藻科 Delesseriaceae

形态特征 藻体直立，附生，高 2~3 cm，最高可达 7 cm。纤细，主枝圆柱形至扁压，3~4 回羽状分枝，常互生两列。主枝每隔 2~4 节有 1 互生羽枝，羽枝每隔 2 节具 1~2 回叉状小羽枝。藻体上下部羽枝几乎等长，基部由羽枝形成的根状纤丝固着基质。主枝多管，由 1 个中轴细胞和 4 个围轴细胞组成，无皮层。小羽枝单管，少数基部为多管，较粗短，细胞长为宽的三分之二或近方形，顶端锥状。四分孢子囊枝披针形或长椭圆形，顶端尖细，基部具一个细胞长的多管柄。

生态习性 附生于潮下带其他藻体上。

地理分布 国外分布于日本、朝鲜。国内分布于山东、浙江、福建。舟山产于嵊山、普陀山。

美丽异管藻

78 羽裂橡叶藻
Phycodrys fimbriata (Kuntze) Kylin, 1924

同物异名 *Membranoptera fimbriata* Kuntze, 1891

分类地位 真红藻纲 Florideophyceae，仙菜目 Ceramiales，红叶藻科 Delesseriaceae

形态特征 藻体淡紫色，膜质，叶状，椭圆形至长披针形，中肋较明显，高 6～8 cm。藻体边缘生出羽状裂片，裂片边缘为波状。藻体除边缘、顶端及脉间为 1 层细胞外，其余部分为多层细胞。四分孢子囊着生在羽状裂片边缘。基部具盘状固着器。囊果球形，散生在藻体上。

生态习性 生长在低潮带附近岩石上或缠绕在珊瑚藻等藻体上。

地理分布 国外分布于日本、朝鲜、韩国。国内产于辽宁、山东、浙江。舟山产于枸杞、中街山、桃花岛等地。

羽裂橡叶藻

79 橡叶藻
Phycodrys radicosa (Okamura) Yamada & Inagaki, 1933

同物异名 *Delesseria radicosa* Okamura, 1896

分类地位 真红藻纲 Florideophyceae，仙菜目 Ceramiales，红叶藻科 Delesseriaceae

形态特征 藻体粉红色，叶状，薄的膜质，高1.2～4.5 cm，枝宽2～7 mm，具短柄，固着器盘状。外形变化颇大，叶片单条或由叶片两缘生出多数裂片，裂片椭圆形、披针形或线形，边缘具锯齿，有时在叶片边缘或线形裂片末端产生附着器，裂片彼此附着，有的藻体上部往往会产生细长根样丝。藻体除边缘、顶端及脉间为1层细胞外，其余部分为多层细胞。四分孢子囊群生在叶片边缘或小育枝上，四分孢子囊球形，十字形分裂。囊果球形，散生在藻体上。

生态习性 生长在低潮带附近岩石上或缠绕在珊瑚藻等藻体上。

地理分布 国外分布于日本、朝鲜、韩国。国内产于辽宁、山东、浙江。舟山产于中街山等地。

橡叶藻

(二十一)松节藻科 Rhodomelaceae Horaninow, 1847

藻体通常直立,但有时全部匍匐,自由分枝。分枝往往互相分离,枝圆柱形或稍扁,但有的分枝侧面互相连接形成扩展的片状。分枝有的不具皮层,或仅在主干具皮层,或全部具皮层。分枝的顶端常生无色毛丝体,螺旋排列,它们是在围轴细胞形成前,在初生中轴节的上部边缘形成的。顶端生长,顶端细胞为圆顶形,顶端细胞分裂形成一个简单的节,由其斜分裂产生侧丝,原始的侧丝纵分裂成中轴细胞与围轴细胞,形成多管的内部构造。

四分孢子囊由孢子体上部枝的围轴细胞或皮层细胞形成。藻体的任何分枝均可以产生孢子囊或仅限于特殊的小分枝上。四分孢子囊四面锥形分裂,在产生孢子的过程中,第一次分裂为减数分裂。精子囊枝生长在毛丝体上,毛丝体互相分离或连接成扁叶状。精子囊枝为长椭球形,一般无色。果胞枝由毛丝体形成,一般在毛丝体基部的节上,如基部节变成多轴管,即正常的生殖枝产生5个围轴细胞,最初分裂的2个细胞在轴外面,其次的2个细胞在左右翼,第5个细胞为支持细胞,在腹面。由支持细胞生成果胞系,支持细胞产生不育侧丝和4个细胞的果胞枝,最后产生第二基部的不育细胞。受精后,不育细胞分裂,具有营养作用,也有隔开发育的产孢丝与囊果壁的作用。果胞的支持细胞、辅助细胞、不育细胞互相融合形成大而不规则的胎座细胞,由胎座细胞产生原产孢丝。原产孢丝一般较短,只有顶部细胞发育成果孢子囊。成熟囊果具开孔的果被,果被主要是由生殖毛丝体的节部的2个侧生围轴细胞分裂产生的。

80 细枝软骨藻
Chondria capillaris (Hudson) M. J. Wynne, 1991

同物异名 *Chondria tenuissima* (Withering) C. Agardh, 1817；*Fucus tenuissimus* Withering, 1796

分类地位 真红藻纲 Florideophyceae，仙菜目 Ceramiales，松节藻科 Rhodomelaceae

形态特征 藻体浅黄褐色或暗紫色，软骨质，标本附着于纸上，直立，高10~25 cm，具盘状固着器，枝多少缠绕在一起，具匍匐茎。主轴单一或具几个相似的、直径1~2.5 mm的主枝；主枝粗糙，坚固，节片少的部分柔软，不规则羽状分枝，分枝密而细。末枝纺锤状，朝两端渐尖，顶端尖，簇生的毛丝体明显。四分孢子囊散生在育性小枝的远端部，囊果壶形，生在小羽枝上。精子囊盘状，广椭圆形，生于小枝顶端，周围簇生有毛丝体。

生态习性 生长在低潮带的岩石上或浅水坑中。

地理分布 国外分布于日本、美国大西洋沿岸。国内分布于辽宁、河北、山东、浙江。舟山产于嵊泗、中街山、普陀山、定海等地。

细枝软骨藻

81　粗枝软骨藻
Chondria crassicaulis Harvey, 1860

分类地位　真红藻纲 Florideophyceae，仙菜目 Ceramiales，松节藻科 Rhodomelaceae

形态特征　藻体绿色、紫红色或黄色，多肉，软骨质，干后附着于纸上。藻体圆柱形，成熟的有时扁圆，下部细，中央粗，宽1~2 mm，高6~9 cm，分枝不规则地向各方向生出，分枝及小分枝的顶端钝圆，基部细。小分枝由枝腋或顶端生出，单生或集生，生出的地方稍凹，长1.5~3 mm，宽0.75~1 mm，顶端下凹，丛生毛丝体。球芽和枝连接的部分纤弱，球芽的基细胞左右稍有隆起，此处的细胞细长，由表面细胞形成，以后由此形成固着器，此球芽离开母体后可以发育成新个体。囊果生在分枝上。

生态习性　生长于潮间带或低潮带岩石上。

地理分布　国外分布于日本、朝鲜、韩国、菲律宾。国内分布于辽宁、山东、浙江、福建。浙江沿海常见种，舟山产于嵊泗、中街山、普陀山、定海等地。

粗枝软骨藻

82 丛枝软骨藻
Chondria dasyphylla (Woodward) C. Agardh, 1817

同物异名 *Fucus dasyphyllus* Woodward, 1794

分类地位 真红藻纲 Florideophyceae，仙菜目 Ceramiales，松节藻科 Rhodomelaceae

形态特征 藻体紫红色，常常带黄绿色，高7～20 cm，丛生，固着器壳状。整个外形呈塔形，分枝不规则，多回互生或侧生，圆柱形，分枝渐细，小枝短。枝基部明显缢缩，末端平或中部稍凹陷，上冠有生长点和毛丝体，生长点略高出端面。毛丝体多次叉状分枝，分节，无色，基部宽，上部宽，螺旋状排列，老体常脱落，构造单轴型，分皮层和髓部。四分孢子囊球形，囊果卵形或壶形，无柄，单生。果孢子囊棒状或长卵形。

生态习性 生长在低潮带石沼中或大干潮线下约1 m深的平静内湾中。生长于夏季。

地理分布 国外分布于大西洋、地中海、印度洋、英国。国内分布于辽宁、河北、山东、浙江、福建。舟山产于嵊山、中街山等地。

丛枝软骨藻

83 羽状凹顶藻
Laurencia pinnata Yamada, 1931

同物异名 *Chondria minutula* Noda, 1974

分类地位 真红藻纲 Florideophyceae，仙菜目 Ceramiales，松节藻科 Rhodomelaceae

形态特征 藻体紫红色，直立，单生或丛生，高1～1.5 cm，亚软骨质，制成的标本能附着于纸上。基部具1盘状固着器，其上产生直立的主枝。羽状分枝，近基部圆柱形，上部扁压，小枝自主枝两缘对生或亚对生地互生，棍棒状，枝端截形或圆形，中央凹陷，有时有毛丝体，顶细胞位于顶端中央凹陷处的底部。四分孢子囊散生在藻体上部的最末小枝上，囊果着生在分枝两侧。

生态习性 生长在低潮线下的珊瑚石上，也常附生在叉节藻等藻体上。

地理分布 国外分布于日本、朝鲜、韩国、印度尼西亚、菲律宾、瑞典、地中海、印度洋。国内分布于辽宁、山东、浙江。浙江沿海常见种，舟山产于嵊泗、中街山、普陀等地。

羽状凹顶藻

84 复生凹顶藻
Laurencia composita Yamada, 1931

分类地位 真红藻纲 Florideophyceae，仙菜目 Ceramiales，松节藻科 Rhodomelaceae

形态特征 藻体直立，丛生，基部具匍匐枝，直立部分高约15 cm，黑紫色，柔软。主轴明显及顶，圆柱形，直径1～1.6 mm，不规则复羽状分枝，第一级分枝较长，次级枝短，小枝是放射状排列，一般互生，也对生。分枝可达4级。主轴和第一级分枝上产生许多附生小枝。四分孢子囊小枝圆柱形、棍棒状，顶钝。囊果在第二级和第三级分枝上产生，卵形。

生态习性 生长在潮间带的中上部岩石上。

地理分布 国外分布于日本、朝鲜、韩国、菲律宾和坦桑尼亚。国内分布于浙江、福建。舟山产于嵊泗、中街山等地。

复生凹顶藻

85 冈村凹顶藻
Laurencia okamurai Yamada, 1931

分类地位 真红藻纲 Florideophyceae，仙菜目 Ceramiales，松节藻科 Rhodomelaceae

形态特征 藻体呈绿色至浓绿色，圆柱形，高10～20 cm。主枝明显，直径1～2 mm，圆锥状分枝，分枝互生、对生或轮生，分枝2～3回，规则地向各个方向伸出，顶端分枝圆柱形，端部平凹。髓部细胞一侧加厚呈半月形。囊果株的末小枝不育时圆柱形，发育后呈棒状。成熟囊果坛状，在小枝侧表面对生。精子囊枝的端细胞泡状，卵形，大。

生态习性 生长在低潮带岩石上。

地理分布 国外分布于日本、朝鲜、韩国。国内沿海都有分布。舟山产于嵊泗、中街山等地。

冈村凹顶藻

86 异枝栅凹藻
Palisada intermedia (Yamada) K. W. Nam, 2007

同物异名 *Laurencia intermedia* Yamada, 1931

分类地位 真红藻纲 Florideophyceae，仙菜目 Ceramiales，松节藻科 Rhodomelaceae

形态特征 藻体直立，高可达20 cm，直径2 mm，圆柱形。丛生基部由稍缠绕且稍接合的匍匐分枝组成，具固着器和假根，其上产生几个直立主枝，但常有一个及顶主枝，一般呈黑紫色，干燥后变成黑色。藻体软骨质，硬，干燥后完全不附着于纸上。主枝圆柱形，高可达13 cm，各个方向上产生圆锥花序状分枝，不及顶时分裂一至多次。分枝对生、亚轮生或互生，分枝直径1～2 mm。末小枝棒状。幼时端部截形，成熟后的分枝和小枝覆盖着浓密的小瘤状小枝。雌雄异体，囊果卵形，位于小枝侧上部，具孔口。四分孢子囊小枝不育时为圆柱形，成熟时变为棒状。

生态习性 生长在潮间带下部和潮下带上部的岩石上。孢子在夏、秋季成熟。

地理分布 国外分布于日本、朝鲜、韩国、菲律宾和坦桑尼亚。国内分布于浙江、福建。舟山产于嵊泗、中街山等地。

异枝栅凹藻

87 多管藻
Polysiphonia senticulosa Harvey, 1862

分类地位 真红藻纲 Florideophyceae，仙菜目 Ceramiales，松节藻科 Rhodomelaceae

形态特征 藻体生活时鲜红色，干燥时茶褐色至黑色。质地稍硬，不滑。丛生成束，疏松地相互缠结，为细长的、直生的、刚毛状的、较硬的丝状体，一般无主枝，为羽状双分叉。藻体高20 cm，从匍匐基部生出，靠近下面的节稍凸出。基部由围轴细胞向外生出单细胞的假根固着基质。分枝为外生长式，每隔3～4节互生弯曲的分枝，节间长为1.5～4 mm，分枝下面较稀松，并具短的、细长的小分枝，上面的羽状分枝较致密。常具很细长的假根。小分枝往往直立，向下较开展，向上渐尖削，并再生出细的、直立的、末端尖的小分枝，无毛丝体。节部透明，无皮层。

生态习性 生长在低潮带岩石或其他基质上。除盛夏外，其他时期均能生长，春季尤为繁盛，无性及有性生殖在2—5月发生。

地理分布 国外分布于日本。国内黄海、渤海常见，浙江海域也有分布。舟山产于嵊泗。

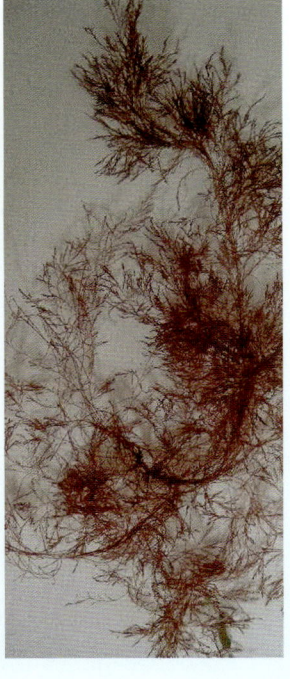

多管藻

88. 鸭毛藻
Symphyocladia latiuscula (Harvey) Yamada, 1941

同物异名 *Rytiphlaea latiuscula* Harvey, 1857

分类地位 真红藻纲 Florideophyceae，仙菜目 Ceramiales，松节藻科 Rhodomelaceae

形态特征 藻体深紫红色，高5～15 cm，丛生，革质，脆而易断。单轴型，基部平卧，近基部生出数条主枝，扁平，3～4回分叉，对生或互生，呈鸭毛状，边缘具锯齿或有裂片，有放射状的叶脉。基部具纤维状假根。囊果着生在小枝顶端。雌雄异体，生活史中有配子体世代、果孢子体世代和孢子体世代。

生态习性 生长在低潮带岩石上。生长盛期为6—7月。

地理分布 国外分布于日本。国内分布于河北、山东和浙江。舟山产于嵊泗、中街山。

鸭毛藻

89 苔状鸭毛藻
Symphyocladia marchantioides (Harvey) Falkenberg, 1897

同物异名	*Amansia marchantioides* Harvey, 1855
分类地位	真红藻纲 Florideophyceae，仙菜目 Ceramiales，松节藻科 Rhodomelaceae
形态特征	藻体暗紫色，由基部平卧附着基质，带状，扁平，膜质。幼体为扁平、匍匐，成体直立。藻体高5~10 cm，宽0.3~0.5 cm，边缘具不规则锯齿，长有1~2次小裂片，裂片边缘具锯齿。具放射状叶脉，数条相邻的枝边缘愈合，成为阔枝。阔枝的生长点细胞与藻体裂片的生长点并列。在顶端生长停止，四分孢子囊生于小裂片的上部。
生态习性	生长在中低潮带石沼中或岩石上。
地理分布	国外分布于日本。国内分布于河北、山东和浙江。舟山产于普陀、中街山。

苔状鸭毛藻

90 小鸭毛藻
Symphyocladia pumila (Yendo) Uwai & Masuda, 1999

同物异名 *Pterosiphonia pumila* Yendo, 1920

分类地位 真红藻纲 Florideophyceae，仙菜目 Ceramiales，松节藻科 Rhodomelaceae

形态特征 藻体暗紫红色，高 2.5～5.6 cm，革质，脆而易断，丛生。近基部生出数条主枝，扁平，宽约 0.5 mm，呈羽毛状，3～4 回分叉。小枝顶端尖细。四分孢子囊集生在小羽枝上。本种与鸭毛藻外形相似，但藻体远小于鸭毛藻。

生态习性 生长在低潮带岩石背阴处或石沼中，也常附生在叉节藻等藻体上。

地理分布 国外分布于日本、朝鲜、韩国、印度洋等地。国内分布于辽宁、山东、浙江、福建。舟山产于嵊泗、东极、中街山、普陀等地。

小鸭毛藻

（二十二）软毛藻科 Wrangeliaceae J. Agardh, 1851

藻体直立，由单列细胞扭成不规则叉状分枝或不分枝的丝状体，细胞很大，一般肉眼能观察到。藻体上部细胞即"肩部"围生数回叉状分枝的毛丝体，有些种类的毛丝体在形成生殖器官时立即脱落。四分孢子囊和精子囊密集轮生，或四分孢子囊单生，具或不具苞片细胞，精子囊在侧枝顶端或枝的顶端形成，集生成冠，无苞片。果胞枝由4个细胞组成，囊果生于顶枝下的第二个关节周围，具或不具苞片。

91. 日本凋毛藻
Griffithsia japonica Okamura, 1930

分类地位 真红藻纲 Florideophyceae，仙菜目 Ceramiales，软毛藻科 Wrangeliaceae

形态特征 藻体深红色，高2～4 cm，直立，丛生，细胞较大，肉眼可见，由单列细胞组成的数回叉状分枝，帚状或扇状，分节明显。基细胞侧面产生根状丝，末端形成盘状以固着基质。四分孢子囊轮生于藻体末端第二和第三节上，周围有许多轮生、内弯、由一个细胞组成的苞片。四分孢子囊四面锥形分裂。精子囊密集成丛，环生于次顶端的生殖细胞上部，被由16片或更多的亚圆柱形细胞组成的、内弯的苞片包围，精子囊群上部的顶端细胞常脱落，精子囊丛生于小枝的顶端。

生态习性 生长在低潮线附近岩石上或其他藻体及螅类上。

地理分布 国外分布于日本。国内分布于浙江、福建。舟山产于青滨。

日本凋毛藻

十四、珊瑚藻目 Corallinales

藻体坚硬易脆，细胞壁充满碳酸钙，粉红色到白色，直立轴及分枝具钙化的节间，被不钙化的节规则地间隔。主轴以壳状固着器附着基质，有些种类变态成匍匐茎状或内生胚栓；多轴型，分生组织由顶生或亚顶生的原始细胞组成，单层或多层的叶状体。在电子显微镜下，初生纹孔连结的胚栓具有双层的圆顶状帽；邻接的营养丝细胞常常联生，直接侧面融合或由次生纹孔连接。生殖细胞发育在生殖窝内。四分孢子囊层形分裂，偶有产生双孢子囊。精子囊生长在雄性生殖窝的底层，有时也在雄性生殖窝的壁上。支持细胞生于雄性生殖窝底层，每个细胞长有2～3个由1～2个细胞组成的果胞枝，成熟时受精丝伸出胞孔。合子核转运到支持细胞内，立即融合成一个或几个融合胞，这些融合胞产生短的、不分枝的产孢丝，再各自产生大的果孢子囊。

（二十三）珊瑚藻科 Corallinaceae Lamouroux, 1812

藻体红色或紫红色，细胞壁钙化，坚硬至易脆，全部匍匐呈壳状或基部呈壳状，上生许多具分枝的直立枝。枝分化，具有节和节间。节内部由许多轴丝组成，其外周表面细胞含色素体。生殖细胞在生殖窝内发育。受精后，果胞与支持细胞连接，由支持细胞侧面形成大的融合细胞，再各自产生果孢子囊。

92 叶索羽珊藻
Alatocladia yessoensis (Yendo) Gabrielson, Miller & Martone, 2011

地方名	石灰藻
同物异名	*Cheilosporum yessoense* Yendo, 1902
分类地位	真红藻纲 Florideophyceae，珊瑚藻目 Corallinales，珊瑚藻科 Corallinaceae
形态特征	藻体暗粉红色，石灰质，丛生，扇形，高5～7 cm，宽2～3 mm。主枝下部圆柱形，上部扁平。分节清晰，节间上部两侧似翼状。分枝对生，生殖窝球形，生在叉状分枝上。
生态习性	生长在较低潮间带的岩石上或石沼中。7—11月成熟。
地理分布	本种系亚热带性藻种。国外分布于日本、菲律宾、美国、印度洋。国内分布于山东、浙江、福建。舟山产于枸杞、庙子湖、朱家尖等地。

叶索羽珊藻

93 珊瑚藻
Corallina officinalis Linnaeus, 1758

同物异名 石灰藻

分类地位 真红藻纲 Florideophyceae，珊瑚藻目 Corallinales，珊瑚藻科 Corallinaceae

形态特征 藻体紫红色，直立，丛生，高4～7 cm，2～3回羽状及对生羽毛状分枝在1平面上，主枝分节明显，主枝节片节间部、近基部圆柱形。藻体中、上部节片扁压成亚楔形，小枝的节片条裂状，枝末端的节间部多为圆柱形，顶端钝圆。生殖窝卵形，长在小枝上。

生态习性 生长在中、低潮带的岩石上或石沼中。

地理分布 国外分布于日本、朝鲜、韩国、印度洋等地。国内分布于辽宁、山东、浙江、福建。舟山各岛屿均有分布。

珊瑚藻

94 叉珊藻
Jania adhaerens J. V. Lamouroux, 1816

分类地位 真红藻纲 Florideophyceae，珊瑚藻目 Corallinales，珊瑚藻科 Corallinaceae

形态特征 藻体粉红色，石灰质，较为纤细，呈毛发状，高1~2 cm。圆柱形，不规则交互对生，1~2回叉状分枝，分枝角度较大，通常成45°~60°或直角。近基部的分枝往往呈弓形。节间长圆柱形，藻体上部分枝有时尖细，顶端圆锥状。藻体多轴型，雌雄异体，雌性生殖窝顶具角状突起，在其上再生生殖窝，椭圆形或倒卵形，果孢子囊长卵形。

生态习性 生长在低潮线附近的礁岩上或石沼中，也可以生长在礁湖内的珊瑚石上或其他大型藻体上。

地理分布 国外分布于日本、朝鲜、韩国、菲律宾、越南、马来西亚、印度尼西亚、墨西哥、美国、澳大利亚、印度洋、地中海等地。国内分布于浙江、福建、台湾、海南。舟山分布于东极、普陀。

叉珊藻

(二十四)石叶藻科 Lithophyllaceae Athanasiadis, 2016

2016年建立的一个科,下有叉节藻属、石叶藻属和皮石藻属3个属。藻体粉红色,石灰质,直立丛生或乳头状,高20~60mm。皮石藻属下部呈圆柱形,上部稍扁,仅见于台湾,其余2属浙江都有分布,以叉节藻属的种类多见,基部宽扁,主枝关节清晰,节间呈中肋状隆起,二叉状分枝,枝有横的轮纹。石叶藻属的种类表面则多呈乳头状。

95 宽扁叉节藻
Amphiroa anceps (Lamarck) Decaisne, 1842

同物异名	*Corallina anceps* Lamarck, 1815
分类地位	真红藻纲 Florideophyceae，珊瑚藻目 Corallinales，石叶藻科 Lithophyllaceae
形态特征	藻体粉红色，石灰质，丛生，高6～7 cm，宽0.5～2 mm。主枝关节清晰，节部呈中肋样隆起。边缘薄，分枝叉状，枝有横的轮纹。生殖窝在节间，稍突出体表。
生态习性	生长在低潮带岩石上和潮下带10 m深的岩礁上。多年生，全年可见。
地理分布	国外分布于日本、朝鲜、韩国、菲律宾、越南、印度尼西亚、澳大利亚、印度洋等地。国内分布于浙江、福建、台湾、广东。舟山产于中街山、普陀、嵊泗等地。

宽扁叉节藻

96 带形叉节藻
Amphiroa beauvoisii J. V. Lamouroux, 1816

同物异名 *Amphiroa zonata* Yendo, 1902

分类地位 真红藻纲 Florideophyceae，珊瑚藻目 Corallinales，石叶藻科 Lithophyllaceae

形态特征 藻体玫瑰色至灰紫色，直立，丛生，高 2～5 cm，为较规则的双叉分枝。藻体下部节间稍呈圆柱形，中部及靠近上端的节间多为扁压状，枝端的小节片特别是干燥后的标本常具显著的环纹，其顶端稍宽大，钝圆形。节间上的生殖窝呈疣状突起。

生态习性 生长在低潮线下或中、低潮带石沼中的岩石上。

地理分布 国外分布于日本、朝鲜、韩国、菲律宾、墨西哥。国内分布于山东、浙江、台湾。舟山分布于嵊山、中街山等地。

带形叉节藻

97 叉节藻
Amphiroa ephedraea (Lamarck) Decaisne, 1842

同物异名 *Corallina ephedraea* Lamarck, 1815

分类地位 真红藻纲 Florideophyceae，珊瑚藻目 Corallinales，石叶藻科 Lithophyllaceae

形态特征 藻体粉红色或粉紫色，尖端略呈白色，有环状纹，含丰富石灰质，直立丛生，高 3~5 cm，下部圆柱形，上部扁，呈双叉状分枝，有节间。

生态习性 生长在低潮带岩石上和潮下带 10 m 深的岩礁上。多年生，全年可见。

地理分布 国外分布于日本、朝鲜、韩国、菲律宾、越南、印度尼西亚、澳大利亚、印度洋等地。国内分布于浙江、福建、台湾、广东。舟山产于嵊山、中街山、普陀山、渔山等地。

叉节藻

98 硬叉节藻
Amphiroa rigida J. V. Lamouroux, 1816

- **地方名** 石灰藻
- **分类地位** 真红藻纲 Florideophyceae，珊瑚藻目 Corallinales，石叶藻科 Lithophyllaceae
- **形态特征** 藻体圆柱形，全体具节，二叉分枝，质地易碎。节间部髓部通常由一列长细胞带和一列短细胞带交替排列而成，膝节部由两列等长的细胞组成。
- **生态习性** 生长在较低潮间带的岩石上或石沼中。7—11月成熟。
- **地理分布** 国外分布于日本、菲律宾、美国、印度洋。国内分布于山东、浙江、福建。舟山产于普陀。

硬叉节藻

99 冈村石叶藻
Lithophyllum okamurae Foslie, 1900

地方名	海浮石
分类地位	真红藻纲 Florideophyceae，珊瑚藻目 Corallinales，石叶藻科 Lithophyllaceae
形态特征	藻体灰粉红色，半球状，石灰质。皮壳体牢固地附着在石头上，不断生长，最后几乎覆盖整个基质，呈球形或亚球形，直径7～8 cm。表面产生一些集聚疣突，直径2～3 cm。表面生出乳头状突起。
生态习性	生长在低潮线附近至潮下带岩石上。终年生长。
地理分布	国外分布于日本、朝鲜、韩国、越南、菲律宾、斯里兰卡、新几内亚、印度洋。国内分布于浙江、福建、海南、台湾。舟山产于嵊山、中街山、普陀山。

冈村石叶藻

十五、石花菜目 Gelidiales

藻体单轴型，羽状分枝，枝亚圆柱形或稍扁。枝内部具1中轴丝，四周为皮层，外皮层细胞小，含色素体。四分孢子囊由孢子体上小分枝顶端的表面细胞形成，十字形或带形分裂，成熟孢子囊呈倒卵形。精子囊由藻体末枝的表面细胞形成。果胞为1个细胞，由围轴细胞发生。有的围轴细胞在同样的位置生长着一连串的小细胞，细胞内含丰富的养料。果胞内的卵在受精以后，由果胞基部生出产孢丝，产孢丝伸长至这些小细胞，吸收其中的养料作为果孢子生长之用。因此这些富有营养的小细胞，也称为滋养小细胞。成熟的囊果膨大呈半球形或亚球形，在囊果扁平的两面或一面开孔。

（二十五）胶粘藻科 Dumontiaceae Bory, 1828

藻体通常直立，圆柱形或扁压至叶状，分枝或不分枝，常柔软并具黏质。藻体单轴，顶端细胞圆顶状，每个中轴细胞产生4个至多6个围轴细胞；或多轴，具一个疏松的髓层和一个密集的皮层。髓层由较细的丝状体或膨大细胞组成，通常具下行的假根丝；内皮层细胞较大，外皮层细胞小，排列紧密，常生长有毛，藻红体盘状。

生活史由三相世代组成。有性藻体雌雄异体，有些种类为雌雄同体，雌性配子体具分开的果胞枝和辅助细胞枝，常常远离围轴细胞或髓部细胞；果胞枝常弯曲成钩状，辅助细胞枝直或弯曲，有或无短的侧枝，辅助细胞顶生或间生，通常小于邻近细胞。受精后的果胞分裂或不分裂，通常和果胞枝的一个较低的营养细胞相连，产生连络丝与辅助细胞融合，合子核移入辅助细胞，辅助细胞产生原始产孢丝，产孢丝各个细胞都能形成果孢子。某些属是直接产生产孢丝。囊果散生或集生，埋于藻体内部或突出藻体表面。

精子囊生于藻体表面，由外皮层细胞分裂而成，散生或集生。四分孢子体外形同配子体，或者异形于配子体，为平卧，通常壳状，四分孢子囊层形或十字形分裂。在壳状的孢子体中，四分孢子囊常常不规则分裂，产自皮层细胞，埋于藻体表面。

100 亮管藻
Hyalosiphonia caespitosa Okamura, 1909

分类地位 真红藻纲 Florideophyceae，石花菜目 Gelidiales，胶粘藻科 Dumontiaceae

形态特征 藻体红色至紫红色，柔软，胶状膜质，制成的蜡叶标本能较好地附着于纸上。藻体直立，丛生，基部具盘状固着器。线形或圆柱形，高10～20 cm，具1及顶的主轴或分成几个主枝，两端渐细，在所有面不规则分枝。分枝延长，柔弱，上面密集生长或长或短的细的小枝，小枝两端渐狭，顶端尖。有性藻体，雌雄异体。四分孢子囊散生在全部的枝上，囊果明显突出，球形，无柄。精子囊发育在整个藻体上。

生态习性 生长在中、低潮带石沼中。

地理分布 国外分布于日本、朝鲜。国内分布于辽宁、山东、浙江。舟山产于嵊山。

亮管藻

（二十六）内枝藻科 Endocladiaceae Kylin, 1928

藻体直立，扁压，丝状或圆柱状，向各方向分枝，或单轴分枝，体内具一条自基部至顶端的中轴丝，顶细胞斜裂产生中轴，中轴产生侧分枝，外皮层细胞小而紧密，很像薄壁组织，内皮层生有假根丝。四分孢子散生在外皮层，或生于生殖瘤内，不规则或规则地十字形分裂。精子囊呈无色的囊群，生长在皮层细胞的末端。果胞枝和辅助细胞枝生长在同一生殖枝上，果胞枝由2~3个细胞组成，通常几个果胞生长在同一丝体上，受精后产生或不产生连络丝。辅助细胞扩大，生于果胞枝能育丝的分枝下部，产孢丝大，几乎所有细胞都能变为果孢子囊，成熟囊果具果被，但没有囊孔。

101 小海萝
Gloiopeltis complanata (Harvey) Yamada, 1932

同物异名 *Endocladia complanata* Harvey, 1860

分类地位 真红藻纲 Florideophyceae，石花菜目 Gelidiales，内枝藻科 Endocladiaceae

形态特征 藻体浅褐红色，软骨质，制成的蜡叶标本不完全附着于纸上。藻体小，高约0.5 cm，宽约1 mm，基部具小盘状固着器，枝圆柱形至扁压，叉状分枝，最末小枝齿状。四分孢子囊密集地散生在上部的分枝上，十字形分裂。

生态习性 生长在高、中潮带岩石上。

地理分布 国外分布于日本、朝鲜、菲律宾。国内分布于浙江、福建、台湾。舟山产于普陀、嵊山等地。

小海萝

102 海萝
Gloiopeltis furcata (Postels & Ruprecht) J. Agardh, 1851

地 方 名	红菜、鹿角菜
同物异名	*Gloiopeltis coltfornis* Harvey 1859; *Gloiopeltis intrimta* Suringar, 1867
分类地位	真红藻纲 Florideophyceae，石花菜目 Gelidiales，内枝藻科 Endocladiaceae
形态特征	藻体紫红色，胶质，干燥后发脆，高4～10 cm，有时可达15 cm，自盘状固着器丛生，基部具1非常短的较细的茎，向上立即膨胀成亚圆柱形枝。不规则的叉状分枝，分枝处常缢缩。枝宽可达4 mm，枝端钝形或渐细。藻体内部髓层组织疏松或中空，中轴由长圆柱形细胞组成，向四周放射式分枝，末端皮层由念珠状小细胞组成。海萝因体内含胶甚多，故耐干性很强。
生态习性	多生长在中潮带和高潮带下部的岩石上，常丛生成群。
地理分布	国外分布于俄罗斯、日本、朝鲜、越南、美国。国内南北沿海盛产，分布于辽宁、山东、浙江、福建、广东、台湾。浙江沿海优势种，舟山产于嵊山、中街山、普陀山。

海萝

103 鹿角海萝
Gloiopeltis tenax (Turner) Decaisne, 1842

地方名	红菜、鹿角菜
同物异名	*Fucus tenax* Turner, 1806
分类地位	真红藻纲 Florideophyceae，石花菜目 Gelidiales，内枝藻科 Endocladiaceae
形态特征	藻体紫红色，软骨质，高5～12 cm，丛生，下部具细茎，枝幼期圆柱形，其后扁压，宽1～4 mm。数回二叉分枝或不规则分枝，腋角圆，向枝端方向逐渐尖细，末枝常弯曲像鹿角。藻体中实，髓部始终有明显的中轴，中轴细胞近圆柱形或卵圆形。四分孢子囊散生在皮层中，囊果呈半球形，突出于体表。
生态习性	多生长在中潮带的岩石上，低潮带也有生长，但比较少见。东海产的鹿角海萝，幼体见于10月前后，四分孢子囊和囊果多见于4—6月。南海产的略早，其生殖器官见于1—4月。
地理分布	本种系暖温带性海藻。国外分布于日本、韩国、越南和菲律宾。国内分布于浙江、福建、广东、台湾。舟山产于嵊山、中街山、普陀山。

鹿角海萝

(二十七)石花菜科 Gelidiaceae Kützing, 1843

藻体微绿色、鲜红色到紫红色或黑色,具圆柱形、扁压或扁平的直立轴,匍匐轴圆柱形、扁压或扁平,具1明显的顶端细胞。皮层由几层含有色素体的细胞组成,细胞含有一个大的色素体,没有淀粉核。髓部细胞较大,不含色素体,绝大多数种类的髓层或皮层中含有厚壁的根丝细胞。未成熟的孢子体与配子体不易区分。四分孢子囊位于孢囊枝的顶端,十字形分裂或不规则四面锥形分裂。囊果位于枝端,明显地突出于枝表面,具1个或2个囊孔。精子囊群在最末小枝的顶端。

104 小石花菜
Gelidiophycus divaricatus (G. Martens) G. H. Boo, J. K. Park & S. M. Boo, 2013

地方名	叶花草
同物异名	*Gelidium divaricatum* Martens, 1868
分类地位	真红藻纲 Florideophyceae，石花菜目 Gelidiales，石花菜科 Gelidiaceae
形态特征	藻体暗紫红色，线形，软骨质，矮小匍匐且倾卧，密集丛生，高0.5~5 cm。不规则羽状分枝，其上有较密的对生或互生小枝，小枝与分枝常呈直角，顶端尖。生殖枝钝圆。囊果着生在膨胀小羽枝的中部。
生态习性	生长在中潮带岩石、藤壶以及其他贝壳上，常形成很大的群落。
地理分布	国外分布于日本、韩国、越南、印度洋。国内南北沿海习见种。舟山沿海常见种，嵊泗、中街山、普陀等地均有分布。

小石花菜

105 石花菜
Gelidium amansii (Lamouroux) Lamouroux, 1813

地方名 叶花草

同物异名 *Fucus amamii* Lamouroux, 1805

分类地位 真红藻纲 Florideophyceae，石花菜目 Gelidiales，石花菜科 Gelidiaceae

形态特征 藻体紫红色，软骨质，制成的蜡叶标本不完全附着于纸上。藻体线形，直立，单生或丛生，高10～20 cm，有时可达30 cm，基部具假根状固着器固着于基质上，向上产生多个直立轴。藻体下部的枝扁压，两缘薄，上部枝为亚圆柱形或与下部枝相同。4～5回羽状分枝，互生或对生。生长初期，藻体外形呈尖锥形，整齐的羽状分枝，随着藻体的生长，幼期的尖锥外形消失。分枝有些曲折或完全平直，腋角在45°以上，其上生有羽状排列的小枝，长短混杂，长枝单条或分枝，各种分枝的末端急尖，枝宽0.5～2 mm。囊果着生在顶端分枝上，两边膨大突出，中部有1孔。

生态习性 生长在外海低潮线附近岩礁上。多年生植物，生长缓慢，周年生长。

地理分布 国外分布于俄罗斯、日本、韩国、印度洋等地。我国黄海、渤海习见种，浙江、福建、台湾也有生长。舟山产于嵊山、中街山、普陀山。

石花菜

106 细毛石花菜
Gelidium crinale (Hare ex Turner) Gaillon, 1828

地方名	岩衣
同物异名	*Fucus crinalis* Hare ex Turner, 1819
分类地位	真红藻纲 Florideophyceae，石花菜目 Gelidiales，石花菜科 Gelidiaceae
形态特征	藻体暗紫红色，丛生，亚软骨质，制成的蜡叶标本不完全附着于纸上。高2~4 cm，有时可达5~6 cm，由匍匐部分和直立部分组成。匍匐轴圆柱形，直径约150 μm，匍匐蔓延在基质上，广角分枝，下生盘状固着器固着于基质上。直立轴不规则羽状分枝，互生或对生，有时同一节具2~3个，甚至4个分枝，枝下部圆柱形，上部扁圆，枝端尖锐，囊果着生于分枝上。
生态习性	生长在中潮带岩石上或石沼中。
地理分布	国外分布于越南、韩国、菲律宾、太平洋东岸、大西洋两岸、红海、地中海、亚得里亚海及印度洋。我国沿海习见种，浙江沿海常见种，舟山青浜、庙子湖、枸杞、普陀均有分布。

细毛石花菜

107 大石花菜
Gelidium pacificum Okamura, 1914

地 方 名	叶花草
分类地位	真红藻纲 Florideophyceae，石花菜目 Gelidiales，石花菜科 Gelidiaceae
形态特征	藻体暗紫红色，直立，软骨质，线形，两缘薄，主枝或分枝上密生1~2回复羽状短枝。分枝3~4回，对生或互生，枝较长，略左右弯曲，呈复羽状小枝。囊果着生在分枝顶端。藻体大小与石花菜相近。
生态习性	生长在外海岛屿干潮线以下的岩礁上。多年生。
地理分布	本种系亚热带性海藻。我国沿海均有分布。舟山产于嵊山、中街山、朱家尖、桃花岛、普陀山等地。

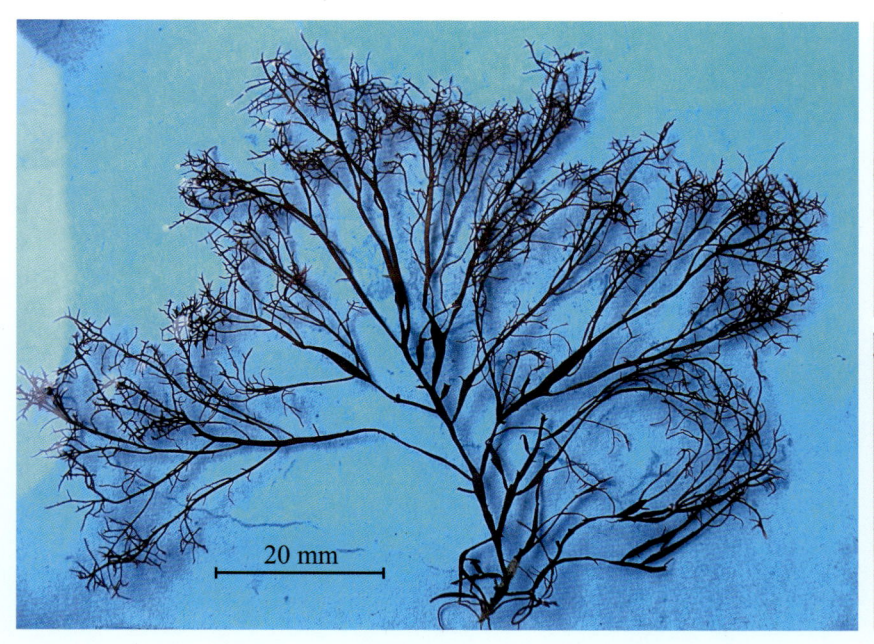

大石花菜

108 匍匐石花菜
Gelidium pusillum (Stackh) Le Jolis, 1863

同物异名	*Fucus pusillus* Stackhouse, 1795
分类地位	真红藻纲 Florideophyceae，石花菜目 Gelidiales，石花菜科 Gelidiaceae
形态特征	藻体紫红色，膜质，线形，匍匐丛生，高约3.5 cm。由匍匐部分和直立部分组成，匍匐枝圆柱形，向下产生直立枝，直立枝单条或不规则分枝，基部亚圆柱形，有时上部呈扁平，枝端钝圆。囊果着生在小枝上，微突出于体表。
生态习性	多生于潮间带的岩石上或贝壳上。
地理分布	国外分布于日本、韩国、越南、菲律宾、印度洋、大西洋。国内分布于山东、浙江、广东、海南。舟山分布于朱家尖、枸杞、青浜、庙子湖、嵊泗。

匍匐石花菜

十六、杉藻目 Gigartinales

本目有各种类型的藻体，壳状、直立灌木状或叶状。细胞通常小，密集在一起，含几个小的盘状叶绿体，没有淀粉核。大多数种类具分离、同形的配子体和四分孢子体。四分孢子囊层形或十字形分裂，散生或埋于皮层中，或集生成深的、内部的囊窠，偶有成串或形成特殊的生殖枝。大多数科具果胞系。在所有种类中，通常一个皮层细胞作为辅助细胞，由辅助细胞产生产孢丝，其部分或全部细胞变为果孢子囊。产孢丝具一些或较多的不育丝，或都具专行保护作用的囊果被。细胞壁含有琼胶或卡拉胶。

（二十八）茎刺藻科 Caulacanthaceae Kützing, 1843

藻体圆柱形或扁平，放射分枝或两侧分枝。髓部丝状，皮层细胞紧密，放射排列，内层较大，外层较小并含有丰富的色素体。四分孢子囊层形分裂，散生在藻体的外皮层中。果胞枝由2～5个细胞组成，辅助细胞受精后发育。囊果埋在藻体内，果孢子囊产于一个大的、浅裂的融合胞，隆起的皮层为囊果被，囊果有开孔。

109 茎刺藻
Caulacanthus ustulatus (Turner) Kützing, 1843

同物异名 *Fucus acicularis* var. *ustulatus* Mertens ex Turner, 1808

分类地位 真红藻纲 Florideophyceae，杉藻目 Gigartinales，茎刺藻科 Caulacanthaceae

形态特征 藻体暗紫褐色，膜质，制成的蜡叶标本尚能附着于纸上。矮小，聚生，形成1广阔的、密集的、细弱的团块，基部具根状丝，向上长有圆柱形或稍扁压的上部。分枝极不规则，互生，偏生，羽状到叉分，生有或长或短的刺状小枝，这些小枝常外弯或下弯。枝端尖锐，枝与枝间常用附着物互相黏连。

生态习性 生长在高潮带岩石上。

地理分布 国外分布于日本、朝鲜。我国沿海遍布。舟山各岛屿均有分布。

茎刺藻

（二十九）沙菜科 Cystocloniaceae Kützing, 1843

藻体丛生，放射分枝，枝圆柱形，常生有刺状小枝。在内部构造中，中央有1起源于顶细胞的中轴丝，皮层部分由较大的薄壁细胞组成。生殖器官多生于最末小枝或分枝上，四分孢子囊层形分裂，囊果近球形。

110 鹿角沙菜
Hypnea cervicornis J. Agardh, 1851

同物异名 密毛沙菜 *Hypnea boergesenii* T. Tanaka, 1941

分类地位 真红藻纲 Florideophyceae，杉藻目 Gigartinales，沙菜科 Cystocloniaceae

形态特征 藻体紫红色，或微带绿色，干后为浅黄褐色或暗紫红色，膜质或亚软骨质，新鲜标本质脆易折断。缠结成疏松的团块，高10～14 cm，借助小盘状固着器附着于基质上。二叉分枝或不规则地互生分枝，枝广开，腋角圆，有时垂直分出，枝直径0.5～1 mm。藻体上部的枝逐渐尖细，形似鹿角状，但有时为不规则互生。分枝，特别是中、下部的分枝的各方面密被有小的单条或叉分的刺状最末小枝，小枝常垂直分出，枝端尖锐。四分孢子囊、精子囊散生在末枝的基部或中部膨胀部位的皮层细胞中，长圆柱形。囊果近球形，无柄，单生或2～3个集生在分枝或小枝上。藻体制成的蜡叶标本不完全附着于纸上。

生态习性 多生长在港湾内的碎珊瑚、石块或贝壳上，一般多生长在大干潮线附近及以下1～5 m处。

地理分布 国外分布于日本、越南、菲律宾、印度尼西亚、加罗林群岛、所罗门群岛、墨西哥、加勒比海、巴西、斯里兰卡、毛里求斯等地。国内分布于浙江、福建、广东、海南、广西、香港。舟山分布于嵊山、中街山、普陀山等地。

鹿角沙菜

111 裸干沙菜
Hypnea chordacea Kützing, 1847

同物异名 *Hypnea simpliciuscula* Okamura, 1859

分类地位 真红藻纲 Florideophyceae，杉藻目 Gigartinales，沙菜科 Cystocloniaceae

形态特征 藻体紫红色，干后变暗，软骨质，制成的蜡叶标本不完全附着于纸上。藻体直立，丛生，高3~15 cm，近圆柱形，基部具纤维根状固着器附着于基质上。单条或很少叉状分枝，主轴茎常裸露，小枝很短，单生或分枝，顶端不太尖锐，多密被在藻体中上部，常彼此缠结。四分孢子囊生长在小枝的基部或中部膨胀部位的皮层细胞中，一侧或圆周，长卵形。囊果近球形，突出生长于小枝上，果孢子囊近圆形或卵形。

生态习性 生长在中潮带及低潮带的岩石上。

地理分布 国外分布于日本、印度尼西亚、毛里求斯、美国。国内分布于浙江、福建、广东、海南、台湾。舟山产于嵊山、中街山、普陀山等地。

裸干沙菜（依铃木雅大）

（三十）杉藻科 Gigartinaceae Bory, 1828

藻体直立，岩生，分枝或不分枝，圆柱形、扁压或叶状。藻体光滑，边缘或表面长有育枝，内部构造为多轴型，髓部由平行的纵丝组成，其外为假薄壁组织，皮层细胞小，背斜排列，最外层含有色素体。四分孢子囊埋在髓层附近或髓层中，由皮层的最内面细胞发育而成，或由生长在髓丝上的特殊细胞发育而成，十字形分裂。果胞枝3个精子囊。支持细胞较大，果胞受精后与支持细胞融合成辅助细胞，辅助细胞增大并分裂出最早的产孢丝，几乎所有细胞变为果孢子囊。有些种类有特殊的囊果，产孢丝被组织包围，有些种则无。精子囊囊群于表皮层或生殖瘤内形成扩张的盘，精子囊母细胞来自表皮层细胞并分裂。生活史为多管藻类型，多为同形的四分孢子体世代和配子体世代。

112 中间软刺藻
Chondracanthus intermedius (Suringar) Hommersand, 1993

同物异名 *Gigartina intermedia* Suringar, 1867

分类地位 真红藻纲 Florideophyceae，杉藻目 Gigartinales，杉藻科 Gigartinaceae

形态特征 藻体紫红色，软骨质，伏卧，密密地重叠成团块状，高1~2 cm，蔓延在岩石上，接触地面的匍匐部分常生出固着器以固着在岩石上。自匍匐部分生出的直立枝扁压，分枝为极不规则的亚羽状，强烈地反曲，枝上常弯曲，并扩展成亚针形。枝末端尖锐，枝间时常被固着器相连。内部结构分为髓部和皮层。四分孢子囊十字形分裂，囊果球形，突出于藻体表面。制成的蜡叶标本不完全附着于纸上。

生态习性 生长在中、低潮带岩石上。

地理分布 国外分布于日本、朝鲜。我国沿海广布。舟山分布于东极、嵊泗、普陀等地。

中间软刺藻

113 线形软刺藻
Chondracanthus tenellus (Harvey) Hommersand, 1993

同物异名	*Gigartina tenella* Harvey, 1860
分类地位	真红藻纲 Florideophyceae，杉藻目 Gigartinales，杉藻科 Gigartinaceae
形态特征	藻体紫红色，软骨质，直立，丛生，线形或扁压，高3～7 cm。基部具瘤状固着器，基部细胞圆柱形，不规则互生或对生分枝，枝伸展，枝基略缩，枝端尖锐，枝略弯曲。藻体由外皮层、内皮层和髓层组成，含有色素体。囊果近球形，明显地突出于体外，单生或集生在枝的边缘，无柄，无喙，基部略缩，囊孔处略下陷。制成的腊叶标本不完全附着于纸上。
生态习性	生长在中、低潮带石沼中。
地理分布	国外分布于日本、朝鲜。我国黄海及东海沿岸广布。舟山产于东极、嵊泗、普陀。

线形软刺藻

114 角叉菜
Chondrus ocellatus Holmes, 1896

分类地位 真红藻纲 Florideophyceae，杉藻目 Gigartinales，杉藻科 Gigartinaceae

形态特征 藻体紫红色，直立，膜质，革质，整体呈扇形，高约 7 cm。主枝下部扁圆柱形，上部扁平，2～3 回叉状分枝。四分孢子囊椭圆形，散生在藻体皮层细胞间。囊果椭圆形，一面凸起，另一面凹陷。

生态习性 生长在中潮带岩石上。

地理分布 国外分布于日本。我国东南沿海均有分布。舟山产于嵊泗、东极。

角叉菜

（三十一）楷膜藻科 Kallymeniaceae (J. Agardh) Kylin, 1928

藻体直立，叶状，或很多分枝但常在一面，或寄生。藻体多轴构造，有1髓层，由卵圆形紧密集中的细胞组成，或由稀疏的或密集的、较细的丝体组成，通常含有星形的细胞或反光折射细胞，胞间还常常伴有较细的根丝小细胞，薄的或中等厚度的皮层由短或中等长度背斜排列的丝体组成。生活史由三相世代组成，有同形的配子体和四分孢子体。有性藻体雌雄异体。果胞枝生长在内皮层的一个支持细胞上，受精后形成一个融合胞，融合胞包括支持细胞和果胞枝的下位细胞，有些产生连络丝。囊果显著，通常埋在体内，显著或不显著地膨胀，某些属突出，具开口或不具开口。精子囊由表皮层细胞分割而成。四分孢子囊位于外皮层中，散生，十字形分裂。

115 附着美叶藻
Callophyllis adhaerens Yamada, 1932

分类地位 真红藻纲 Florideophyceae，杉藻目 Gigartinales，楷膜藻科 Kallymeniaceae

形态特征 藻体紫红色，扁平，高2～3 cm，膜质，制成的蜡叶标本能很好地附着于纸上。3～4回叉状羽状分枝，枝与枝间常互相附着，枝宽2～4 mm，边缘全缘，偶有微波状，老时具齿状小突起，顶端圆形或微叉分，腋角长圆形。

生态习性 生长在中潮带及低潮带的岩石上。

地理分布 国外分布于日本、韩国、菲律宾。国内分布于浙江。舟山产于嵊山、中街山等地。

附着美叶藻

（三十二）育叶藻科 Phyllophoraceae Willkomm, 1854

藻体直立，岩生，近软骨质，多为二叉分枝。分枝圆柱形至宽扁平。藻体多轴。髓部细胞大，紧密排列，胞壁厚。皮层细胞小，有色素，坚实，常垂周排列。四分孢子体小，四分孢子囊十字形分裂，链状垂周排列。雄配子体的精子囊棍棒状，表面生长，多样的群生。雌配子体的果胞系是由1具3个细胞的果胞枝、1不育性小枝和1充作辅助细胞的大支持细胞组成，产孢丝向内或向外发育果孢子囊。少数种类有单孢子囊。

116 扇形拟伊藻
Ahnfeltiopsis flabelliformis (Harvey) Masuda, 1993

同物异名 *Gymnogongrus flabelliformis* Harvey, 1857
分类地位 真红藻纲 Florideophyceae，杉藻目 Gigartinales，育叶藻科 Phyllophoraceae
形态特征 藻体紫红色，直立，丛生，软骨质，扁圆，高4～10 cm，宽1～1.5 mm，固着器小盘状。多次分叉，呈扇形。内层细胞小，髓部细胞大，界限明显。囊果球形，生在顶端分枝上，3～4个排成一列，在枝的两面隆起。四分孢子生在小枝上，呈不规则的四面锥形分裂。
生态习性 生长于中潮带的岩石上或石沼中。生长盛期为6—8月。
地理分布 国外分布于日本、朝鲜。我国沿海广布。舟山产于东极、嵊泗。

扇形拟伊藻

十七、江蓠目 Gracilariales

本目仅有江蓠科1个科，本目的特征同科的特征。

（三十三）江蓠科 Gracilariaceae Nägeli, 1847

藻体直立，少数匍匐或寄生，有分枝，枝圆柱形、扁压或叶状，枝内部为单轴型或多轴型，髓部为大的薄壁细胞，互相密接，自内向外逐渐变小。皮层细胞较小，含色素体。四分孢子体上的四分孢子囊分布于藻体各处，埋卧于藻体的皮层细胞中，多为十字形分裂。囊果突出于体表面，内部中央有1个不育的胎座，周围为果孢子囊，外围有厚的囊果被。精子囊生于深浅不等的生殖窠状的体表面下陷皮层细胞内。

117 脆江蓠
Gracilaria chouae Zhang & B. M. Xia, 1992

分类地位 真红藻纲 Florideophyceae，江蓠目 Gracilariales，江蓠科 Gracilariaceae

形态特征 藻体新鲜时浅红色，干后略变深，直立，单生或丛生，圆柱形，基部具小盘状固着器，高15~20 cm，最高可达40 cm。2~4回分枝，不规则互生、偏生或叉分，分枝基部较宽，枝端逐渐尖细。囊果明显地突出体表面，圆锥形或半球形。藻体肥厚多汁，易折断。

生态习性 一般生长在低潮带浪大处的岩石上，或生长在中、低潮带下部的岩石上或水潭中。

地理分布 我国特有种，分布于浙江和福建。浙江沿海常见种，舟山产于嵊山、中街山、朱家尖、桃花岛等地。

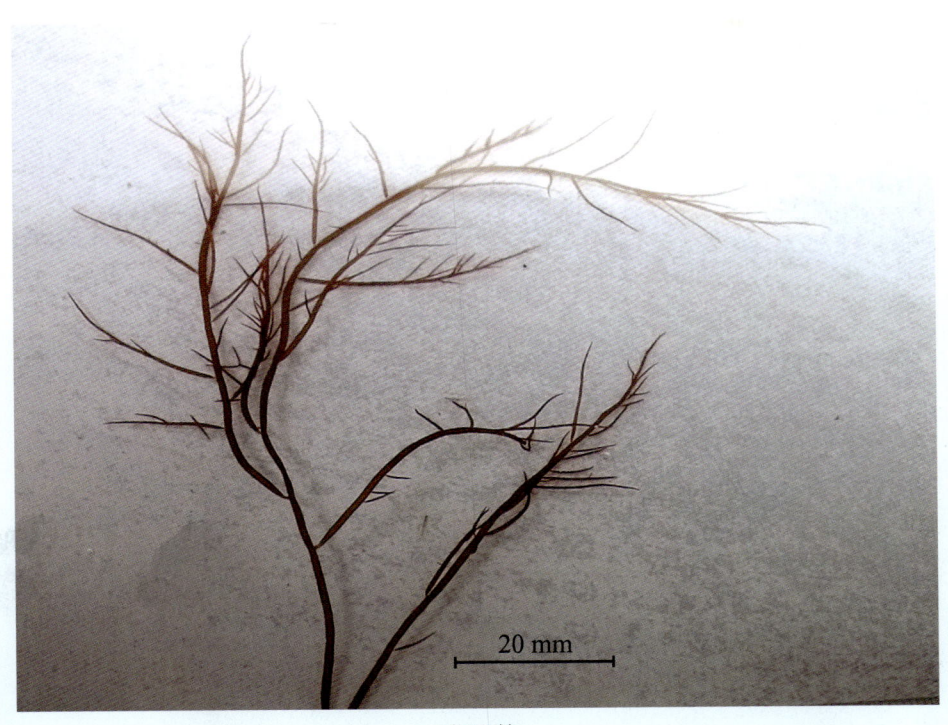

脆江蓠

118 真江蓠
Gracilaria vermiculophylla (Ohmi) Papenfuss, 1967

- **地方名** 龙须菜
- **同物异名** *Gracilariopsis vermiculophylla* Ohmi, 1956
- **分类地位** 真红藻纲 Florideophyceae，江蓠目 Gracilariales，江蓠科 Gracilariaceae
- **形态特征** 藻体直立，紫褐色，有时略带绿色或黄色，干后变暗褐色。藻体亚软骨质，制成的蜡叶标本不完全附着于纸上。单生或丛生，线形或圆柱形，高30～50 cm，具小盘状固着器，主干及顶或否，枝多伸长，常被有短的或长的小枝，或裸露不被小枝，分枝向各个方向不规则地互生、偏生或叉分。分枝的基部常略缩，也可看到缢缩的个体，甚至略缩和缢缩的现象同时出现在一个个体上，枝端逐渐尖细。囊果近球形且明显地突出体表面。
- **生态习性** 多生长在潮间带至潮下带上部的岩礁、石砾、贝壳以及木料和竹材上，生长在肥沃、平静的浅水内湾中的真江蓠藻体更长、更为繁盛。
- **地理分布** 国外分布于日本、越南。国内北起辽东半岛，南至广东南澳岛，向西至广西防城港沿海均有分布。舟山产于嵊山、中街山、桃花岛等地。

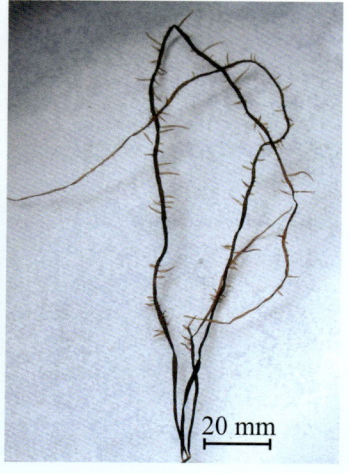

真江蓠

十八、海膜目 Halymeniales

藻体直立，叶状或有很多分枝，柔软黏质到硬软骨质，有或无一个明显的柄。多轴构造，有一个由较细或粗壮、疏松或密集的丝体组成的髓层和一个由卵圆形细胞背斜排列成线形或成薄壁组织的皮层，髓层有或无星状或反光折射的神经节细胞。藻红体盘状或细长。生活史由三相世代组成，有同形配子体和四分孢子体。

有性藻体雌雄同体或异体。果胞枝由2个细胞组成，生长在内皮层一个初生枝丛丝上，初生枝丛丝发育产生次生丝围绕着果胞枝，连络丝由受精的果胞产生。辅助细胞枝枝丛由内皮层产生，辅助细胞在辅助细胞枝枝丛中或在一个初生丝上，初生丝产生次生丝，在某些属可以产生五生丝。辅助细胞位于或近于枝丛基部，可聚集其上的丝体或在外皮层保存壳斗状。果孢子体自双倍体的辅助细胞向藻体表面发育，通常产孢丝中的大部分细胞转变为果孢子囊，被一个轻度或显著的果被包围，果被来自枝丛丝体或者也包括髓部丝体；囊孔有或无。精子囊由表皮层细胞分割而成。四分孢子囊散生在外皮层，有时呈散群，或者在侧丝之间呈稍隆起的生殖瘤，十字形分裂。

（三十四）蜈蚣藻科 Grateloupiaceae Schmitz

藻体淡红黄色或紫红色，黏滑或软骨质，直立，单生或丛生，高5～20 cm，固着器圆盘状。主枝圆柱形、亚圆柱形或扁平，3回羽状分枝，小枝互生、对生或偏生，扁披针形或叶形，基部有的具柄，掌状或叉状分裂。有的为叉状或叉羽状分枝多轴型。中央髓部的纵走髓丝错综交织。外围由皮层，多由圆形、椭圆形或不规则形细胞组成，背斜排列。

生活史由三相世代组成。有性藻体雌雄同体或异体，精子囊群由雄配子体的外皮层细胞形成，圆珠状，无色。果胞枝与辅助细胞在由雌配子体的内皮层细胞产生的枝丛中形成，前者称为果胞枝枝丛，后者称为辅助细胞枝枝丛。果胞枝枝丛的主枝由5个以上的稍球形或椭圆形的细胞组成，有1～3分枝，每一分枝亦由数个细胞组成。枝丛上产生的果胞枝，皆由2个细胞组成，即果胞与支持细胞。辅助细胞枝枝丛的形状与前者的相似，主枝与分枝皆由数个近脚形或椭圆形的细胞组成，辅助细胞也由其枝丛的细胞产生，球形，比周围的细胞大，内充满原生质，染色较深。成熟的囊果埋于皮层中，顶端有1小孔，并突出于藻体表面，呈颗粒状。四分孢子囊由孢子体的外皮层细胞形成，十字形分裂。

119 椭圆蜈蚣藻
Grateloupia elliptica Holmes, 1896

分类地位 真红藻纲 Florideophyceae，海膜目 Halymeniales，蜈蚣藻科 Grateloupiaceae

形态特征 藻体深红色，单生或丛生，稍厚，质软，扁平叶状，叶掌形放射深裂成数条披针形或长椭圆形裂片，每条裂片长4～60 cm，有时可达60 cm以上，宽3～8 cm。固着器盘状。叶片全缘，有的边缘有少量的羽状小裂片，有的顶端呈波浪形裂片。基部圆形无柄，四分孢子囊散生在皮层中，囊果散生在藻体表面。

生态习性 生长在中、低潮带岩石上或石沼中。生长盛期为4—7月。

地理分布 国外分布于日本、韩国、菲律宾。国内分布于浙江。舟山嵊泗、枸杞、东极、庙子湖等地均有零星分布。

椭圆蜈蚣藻

120 蜈蚣藻
Grateloupia filicina (J.V.Lamouroux) C. Agardh, 1822

同物异名	*Delesseria filicina* J. V. Lamouroux, 1813
分类地位	真红藻纲 Florideophyceae，海膜目 Halymeniales，蜈蚣藻科 Grateloupiaceae
形态特征	藻体直立，紫红色，黏滑，单生或丛生，高7～75 cm。基部具小盘状固着器，主枝亚圆柱形或扁平，2～3回羽状分枝，下部分枝较长，上部的较短，小枝对生、互生或偏生，基部不缢缩，有的分枝在藻体表面生出，主枝不中空。囊果球形或近球形。
生态习性	一般生长在高、中潮带岩石上、沙砾上或石沼中。
地理分布	本种系暖温带性海藻。国外分布于日本、韩国、越南等地。我国南北沿海皆有分布，舟山各岛均有零星分布。

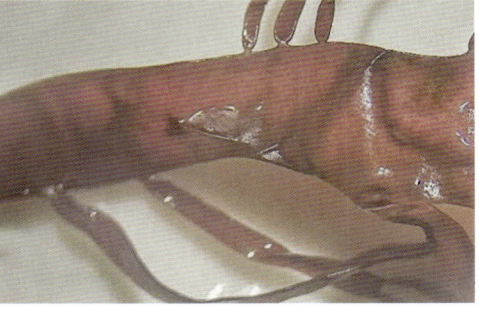

蜈蚣藻

121 舌状蜈蚣藻
Grateloupia livida (Harvey) Yamada, 1931

地方名	红带
同物异名	*Nemastoma lividum* Harvey, 1857
分类地位	真红藻纲 Florideophyceae，海膜目 Halymeniales，蜈蚣藻科 Grateloupiaceae
形态特征	藻体深紫红色，直立，幼体质软，成熟则变厚且稍硬，单生或丛生。高10~25 cm，宽0.5~2.5 cm。叶片窄带状或稍宽，单条或叉状，边缘全缘或有小育枝。叶片下部渐尖成柄状，有的两侧具羽状或叉状小枝。成熟的囊果埋在皮层下部，其周围有髓丝和少量残余的枝丛细胞，成熟的囊果均匀散布在藻体表面。
生态习性	一般生长在高潮带附近的岩礁上或低潮带石沼中。
地理分布	国外分布于日本、韩国、越南、印度洋。国内分布于辽宁、浙江、台湾、福建、广东、海南。舟山产于中街山、普陀山、渔山等地。

舌状蜈蚣藻

122 长枝蜈蚣藻
Grateloupia prolongata J. Agardh, 1847

分类地位 真红藻纲 Florideophyceae，海膜目 Halymeniales，蜈蚣藻科 Grateloupiaceae

形态特征 藻体单生，深紫红色，干标本为深红色带棕色，厚膜质，高 10~30 cm。主枝羽状分枝，基部有圆柱形柄，向上形成互生或对生分枝，每条分枝呈舌形的片状体，长 3~10 cm，宽 0.5~15 cm，有的片状体表面或两侧密生叉状或单条小分枝，基部则渐细成长细柱形的柄。成熟囊果基部残余的枝丛细胞呈波浪形向上与髓丝混合包裹着囊果。

生态习性 生长在中、低潮带的岩石上或石沼中。

地理分布 国外分布于墨西哥、韩国。国内分布于浙江。舟山分布于嵊山、枸杞等地。

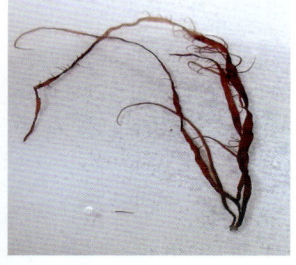

长枝蜈蚣藻

123 繁枝蜈蚣藻

Grateloupia ramosissima Okamura, 1913

分类地位 真红藻纲 Florideophyceae，海膜目 Halymeniales，蜈蚣藻科 Grateloupiaceae

形态特征 藻体暗红色或黑红色，软骨质，干后变硬，制成的蜡叶标本不易附着于纸上。藻体直立，线形，聚生于1不大的不规则盘状固着器上，高12~25 cm。藻体下部圆柱形，上部略扁压，几乎等径，不规则叉状或互生分枝，简单或繁多，枝基略细，枝端尖，多在轴及枝的两侧（偶在枝表面）产生许多小育枝，长短不一，枝端尖，枝基缢缩，小枝常偏生于一侧。四分孢子囊和囊果生在小枝上。

生态习性 生长在低潮带至潮下带5 m深的岩石上。生长盛期为5—6月。

地理分布 国外分布于日本、韩国、越南、菲律宾。国内分布于浙江、福建、台湾、海南。浙江沿海常见种，舟山产于嵊山、枸杞、普陀等地。

繁枝蜈蚣藻

124 带形蜈蚣藻
Grateloupia turuturu Yamada, 1941

分类地位 真红藻纲Florideophyceae，海膜目Halymeniales，蜈蚣藻科Grateloupiaceae

形态特征 藻体单生或丛生，鲜红色，有的为深红色带绿色或淡红色，新鲜的藻体黏滑，高40～100 cm，宽4～15 cm。一般藻体单条如带状，但有的基部或上部分裂为1个以上的小裂片，边缘呈波浪形，有的边缘还生出小羽枝，叶片基部向下形成1小柄，固着器圆盘状。

生态习性 生长在低潮带岩石上或石沼中。成熟期为6—7月。生长在贝类养殖架上的藻体全年可见。

地理分布 国外分布于韩国、日本。国内分布于黄海、渤海沿岸及浙江。舟山产于嵊山、中街山、普陀等地。

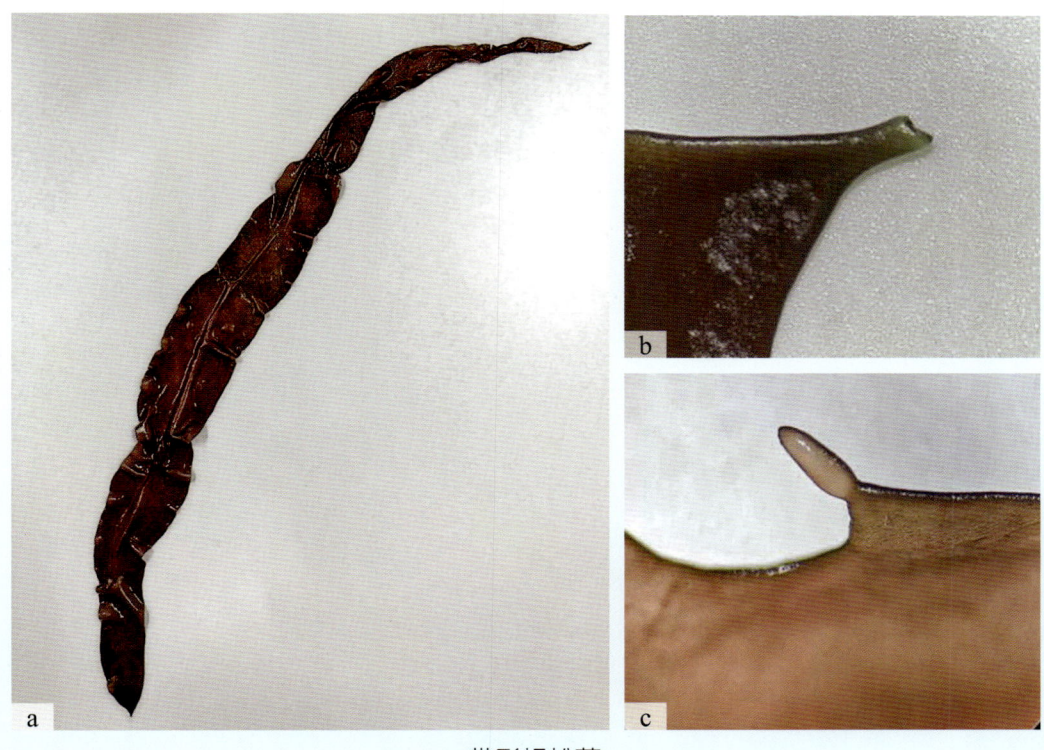

带形蜈蚣藻
a.植株形态　b.藻体固着器　c.藻体小枝

125 披针形蜈蚣藻
Pachymeniopsis lanceolata (Okamura) Yamada ex Kawabata, 1954

同物异名	*Aeodes lanceolata* Okamura, 1934; *Grateloupia lanceolata* (Okamura) Kawaguchi, 1997
分类地位	真红藻纲 Florideophyceae，海膜目 Halymeniales，蜈蚣藻科 Grateloupiaceae
形态特征	藻体深红色或带黄色，黏滑，革质，披针形片状体，直立，单生或丛生，高8～30 cm，最高可达60 cm，宽3～5 cm。固着器盘状，有短柄，向上分裂成数片披针形叶片，有的呈长广圆形或带状，末端渐尖，叶片全缘或波浪形。藻体成熟时不中空。
生态习性	生长在低潮带的岩石上或石沼中，在风浪较小处，生长茂盛。
地理分布	国外分布于日本、韩国。国内分布于浙江。浙江沿海均有分布，舟山产于嵊山、枸杞等地。

披针形蜈蚣藻

(三十五)海膜科 Halymeniaceae Bory, 1828

藻体直立,基部具盘状固着器和短柄,有各种分枝,扁平,叶状到双羽状,柔软且黏滑。多轴构造,皮层较薄,有3~6个细胞厚,内部细胞常呈星状,髓层疏松,幼体有很多横向的丝体。衰老藻体丝体密集且不规则,通常具反光折射细胞。生活史由三相世代组成。有性藻体雌雄异体。果胞枝枝丛有几个单条次生丝体集生在上面,辅助细胞枝枝丛较大,有很多次生丝体及三生丝体。果孢子体明显地在基部保留有辅助细胞,具轻度的包被,包被由延长的枝丛丝体衍生而来,通常有囊孔。精子囊由表皮层细胞形成于体表面。四分孢子囊散生在外皮层,十字形分裂。

126 海膜
Halymenia floresii (Clemente) C. Agardh, 1817

同物异名	*Fucus floresii* Clemente, 1807
分类地位	真红藻纲 Florideophyceae，海膜目 Halymeniales，海膜科 Halymeniaceae
形态特征	藻体鲜红色或黄红色，柔软，黏滑，扁平，叶状，高10～40 cm，宽4～8 cm。单条或基部分叉1～2回。藻体边缘及表面有齿状突起，表面形成不规则斑纹。可分皮层和髓部，髓部由两层垂直的丝状细胞互相联结而成。囊果在表面呈点状突起。
生态习性	生长在低潮线附近至潮下带20 m深的礁石上，全年可见。
地理分布	国外分布于日本、菲律宾、马来西亚、大西洋、印度洋。国内分布于浙江、台湾。舟山产于嵊山、中街山等地。

海膜

127 扇形海柏
Polyopes affinis (Harvey) Kawaguchi & Wang, 2002

同物异名 *Gigartina affinis* Harvey, 1860

分类地位 真红藻纲 Florideophyceae，海膜目 Halymeniales，海膜科 Halymeniaceae

形态特征 藻体暗紫红色，软骨质，制成的蜡叶标本不能附着于纸上。藻体直立，丛生，线形，下部圆柱形或亚圆柱形，上部扁压，高4～7 cm，最高可达10 cm，基部具不规则盘状固着器。数回叉状扇形分枝，枝宽1～2 mm，叉分处宽可达3 mm，上部分枝多于中下部，密集叉分，枝端尖细或扩张成钝形，多叉分，藻体边缘及表面生有小育枝。四分孢子囊集生在枝端小的孢囊枝上，囊枝较大型。囊果不规则球形，生长在枝上部的末枝上，外观有些微突。

生态习性 生长在中、低潮带的岩石上或石沼中。

地理分布 国外分布于日本、韩国、菲律宾、印度洋。国内分布于辽宁、山东、浙江、福建。舟山产于东极、嵊泗、普陀。

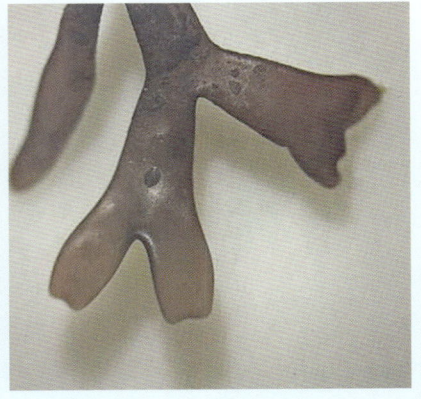

扇形海柏

128 剑叶海柏
Polyopes lancifolius (Harvey) Kawaguchi & Wang, 2002

同物异名 *Gigartina lancifolia* Harvey, 1860

分类地位 真红藻纲 Florideophyceae，海膜目 Halymeniales，海膜科 Halymeniaceae

形态特征 藻体单生或丛生，鲜红色，有的为深红色带绿色或淡红色，新鲜的藻体黏滑，高40～100 cm，宽4～15 cm。一般藻体单条如带状，但有的基部或上部分裂成1个以上的小裂片，边缘呈波浪形，有的边缘还生出小羽枝。叶片基部向下形成1小柄，固着器圆盘状。

生态习性 生长在低潮带岩石上或石沼中。成熟期为6—7月。生长在贝类养殖架上的藻体全年可见。

地理分布 国外分布于韩国、日本。国内分布于山东、浙江、台湾、福建。舟山产于嵊山、中街山、普陀等地。

剑叶海柏

十九、海头红目 Plocamiales

藻体直立，扁平分枝，具2～6个扁压的侧生分枝或小枝组成的互生列，合轴生长，基部为匍匐茎状或寄生。内部构造为单轴型，中央有1中轴丝，外围1假薄壁组织的皮层。生活史为三个阶段的同形配子体和孢子体。雌雄异体。果胞枝由3个细胞组成，位于皮层细胞中。有作为辅助细胞的支持细胞。囊果突出，生长在小枝上，无柄或有柄，无喙，具囊果被。精子囊生长在上部小枝或轴的枝簇表皮层细胞上。四分孢子囊生长在单条或分枝的孢子囊枝上，这些孢子囊枝生长在上部小枝的边缘或轴的枝簇上。

（三十六）海头红科 Plocamiaceae Kützing, 1843

藻体直立，扁平分枝，具对生边缘，由2～6个扁压的侧生分枝或小枝组成的互生列，下部通常不分枝，具全缘或锯齿状边缘，偶有外弯，最上部的分枝常常以相同的方式连续生长。轴和主枝的生长是合轴的，基部以匍匐茎附着基质，岩生或寄生。内部构造为单轴型，具1中央延长的细胞，外围1假薄壁组织的皮层，内皮层细胞较大，外皮层细胞较小。生活史为三个阶段的同形配子体和孢子体。雌雄异体。果胞枝由3个细胞组成，位于皮层细胞中。囊果生长在小枝上，无柄或有柄，切面观，囊果中央基部有1融合胞，其上产生产孢丝。果孢子囊卵圆形，簇生，具囊果被。精子囊由小枝的表皮层细胞产生。四分孢子囊生于上部的孢子囊枝，层形分裂。

129 海头红
Plocamium telfairiae (Hooker & Harvey) Harvey ex Kützing, 1849

同物异名 *Thamnophora telfairiae* Hooker et Harvey, 1834

分类地位 真红藻纲 Florideophyceae，海头红目 Plocamiales，海头红科 Plocamiaceae

形态特征 藻体紫红色，膜质，直立，单生或丛生，线形，扁平，高 4～7 cm，宽 1～2 mm。基部具假根状匍匐茎附着于基质上。分枝为合轴的互生二列，篦齿状，每一个篦齿有 2 个小枝，3～4 回次混合羽状，互生且伸展，下部分枝单条并长于上部分枝上，由此呈现伞房状，顶端向上弯曲。制成的蜡叶标本能附着于纸上。

生态习性 生长在低潮带或潮下带的岩石上，或附生于其他藻体上。

地理分布 国外分布于日本、朝鲜、菲律宾、新西兰、巴基斯坦、毛里求斯。国内分布于辽宁、山东、浙江、福建、台湾、香港。舟山产于嵊山、中街山等地。

海头红

二十、红皮藻目 Rhodymeniales

藻体扁平、扁压，圆柱形或中空，多轴型。果胞系具1~2个辅助细胞枝，辅助细胞枝由2个细胞组成，个别由3个细胞组成，它们在受精前直接源于支持细胞，这些细胞枝只在受精后才可以辨别。四分孢子囊顶生或间生在皮层细胞中，十字形分裂或四面锥形分裂，少数形成多孢子囊。精子囊源于皮层细胞。囊果具有囊果被，并有囊孔。生活史为多管藻类型。

（三十七）环节藻科 Champiaceae Kützing, 1843

藻体为分枝圆柱形到狭窄的叶状，有时具由棱角形细胞组成的髓部，但通常中空，并被横隔膜等距间隔。四分孢子囊多为四面锥形分裂，有时形成多孢子囊，分布于外皮层。精子囊无色，生于表皮层。果胞枝多为4个细胞，辅助细胞受精后和其他细胞融合，产孢丝的大多细胞或仅顶端的一些细胞变为果孢子囊。

130 日本环节藻
Champia japonica Okamura, 1931

分类地位 真红藻纲 Florideophyceae，红皮藻目 Rhodymeniales，环节藻科 Champiaceae

形态特征 藻体紫红色，柔软，黏滑，膜质，直立或附生于其他藻体上，扁圆至扁压，高 2～4 cm，宽 1～2 mm。基部具小盘状固着器，其上具圆柱形短柄。下部枝常疏松地互相缠结。枝广开，分枝基部略细，枝端钝形，由许多扁圆形、桶状节片组成，节处略缩。制成的蜡叶标本能较好地附着于纸上。藻体中空，皮层由 1～2 层细胞组成，小枝表面观为不规则的长方形。四分孢子囊生长在枝上部皮层细胞中，表面观近球形或卵形。

生态习性 附生在潮间带其他藻体上。

地理分布 国外分布于日本。国内分布于浙江、广东。舟山枸杞、青浜、庙子湖、桃花岛等地有零星分布。

日本环节藻

131 环节藻
Champia parvula (C. Agardh) Harvey, 1853

同物异名 *Chondria parvula* C. Agardh, 1824

分类地位 真红藻纲 Florideophyceae，红皮藻目 Rhodymeniales，环节藻科 Champiaceae

形态特征 藻体紫褐色或微绿色，柔软，黏滑，膜质，直立，丛生，或附生在其他藻体上，高2～5 cm，直径1～1.5 mm。分节明显，不规则分枝，分枝圆柱形，互生，有时对生，枝基部略细，顶端钝圆，有时呈钩状弯曲。藻体中空，表面观为不规则的圆形至卵圆形，皮层由1～2层细胞组成。四分孢子囊生长在枝上部皮层细胞中，表面观近球形，囊果卵形，突出于体表。

生态习性 生长在潮间带岩石上或礁平台内低潮线下0.5～1 m深的珊瑚礁上，常与其他藻类混生。

地理分布 在热带、亚热带和温带地区的水域中均有记录。国内遍布南北沿海地区。舟山枸杞、青浜、庙子湖、桃花岛等地有零星分布。

环节藻

（三十八）节荚藻科 Lomentariaceae J. Agardh, 1876

藻体圆柱形或稍扁平，由多层细胞的横隔膜缢缩成不规则的节间，内部由皮层和髓部组成，具腺细胞。四分孢子囊集生在皮层细胞中，四面锥形分裂。精子囊生长在藻体表皮细胞上。果胞枝由3个细胞组成，囊果突出，具囊孔，大部分产孢丝细胞会形成果孢子囊。

132 链状节荚藻
Fushitsunagia catenata (Harvey) Filloramo & Saunders, 2016

同物异名 *Lomentaria catenata* Harvey, 1857

分类地位 真红藻纲 Florideophyceae，红皮藻目 Rhodymeniales，节荚藻科 Lomentariaceae

形态特征 藻体紫褐色，较硬，软骨质，直立，丛生，圆柱形，主轴明显，中空。分枝多集中在藻体中上部，2～3回羽状分枝，对生、轮生或互生，枝基部略缩，顶端钝圆，下部枝通常长于上部枝，故藻体呈聚伞形。具明显的节和节间，节部明显缢缩，节间显著膨胀。基部具直立部与匍匐茎状的假根，不规则分枝，有的枝端具盘状固着器固着于基质上。囊果多生于上部的小枝，单生，近球形，突出于体表。制成的蜡叶标本不完全附着于纸上。

生态习性 生长在低潮带浪大处的岩石上。

地理分布 国外分布于日本、朝鲜、墨西哥。国内分布于浙江。舟山分布于枸杞、青浜、庙子湖等地。

链状节荚藻

133 节荚藻
Lomentaria hakodatensis Yendo, 1920

分类地位 真红藻纲 Florideophyceae，红皮藻目 Rhodymeniales，节荚藻科 Lomentariaceae

形态特征 藻体紫红色，柔软，黏滑，直立，丛生，分枝密集，圆柱形，高 3.5～6.5 cm，直径 1～1.5 mm，分枝多为对生、轮生，极少互生。枝基部略缩，顶端尖细，具明显的不规则节间，节部明显缢缩。四分孢子囊集生在小枝的皮层内侧，成熟后多为圆形，四面锥形分裂，囊果多生于上部小枝，单生或集生，近球形，上部略有喙，基部略缩，突出于体表。制成的蜡叶标本可以完全附着于纸上。

生态习性 生长在低潮带浪大处的岩石上。

地理分布 国外分布于日本、朝鲜、美国。国内分布于辽宁、山东和浙江。舟山分布于朱家尖、东极、嵊山、枸杞等地。

节荚藻

134 扁节荚藻
Lomentaria pinnata Segawa, 1938

分类地位 真红藻纲 Florideophyceae，红皮藻目 Rhodymeniales，节荚藻科 Lomentariaceae

形态特征 藻体紫绿色，黏滑，肉质，易折断，倾卧丛生，重叠成团块状。主枝明显，高2～3 cm，直径1～1.5 mm。分枝2～3回，四分孢子囊生在分枝上，四面锥形分裂。精子囊生长在藻体表皮细胞上。果胞枝由3个细胞组成，囊果突出，具囊孔，大部分产孢丝细胞形成果孢子囊。制成的蜡叶标本可以完全附着于纸上。

生态习性 生长在低潮带浪大处的岩石上。

地理分布 国外分布于日本、朝鲜。国内分布于山东、浙江、福建、香港。舟山嵊山、枸杞等地有零星分布。

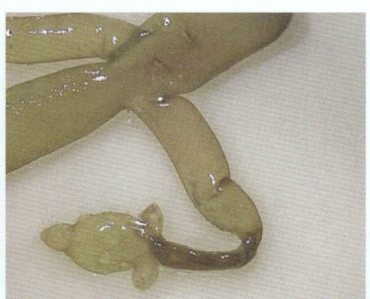

扁节荚藻

（三十九）红皮藻科 Rhodymeniaceae Harvey, 1849

藻体分枝为圆柱形至狭叶状，有时具由棱角形细胞组成的髓部，通常中空，被横隔膜等距间隔。四分孢子囊多为四面锥形分裂，有时形成多孢子囊，分布于外皮层。精子囊无色，生于表皮层。果胞枝多为4个细胞，辅助细胞受精后和其他细胞融合，产孢丝的大多数细胞或仅顶端的一些细胞变为果孢子囊。

135 金膜藻
Botryocladia wrightii (Harvey) Schmidt, Ballantine & Fredericq, 2017

同物异名	*Halosaccion wrightii* Harvey, 1859
分类地位	真红藻纲 Florideophyceae，红皮藻目 Rhodymeniales，红皮藻科 Rhodymeniaceae
形态特征	藻体紫红色，膜质，光滑，高10～30 cm，基部具1短柄，其下为圆盘状固着器。主枝细圆柱形，中空，充满黏液，柔软。分枝呈羽状，扁平，互生、对生或不规则，枝基部略凹，枝端渐尖。囊果为球形，散生在分枝上。
生态习性	生长在低潮带的石沼中或低潮线下约1 m深的岩石上，常被大风冲上岸。
地理分布	国外分布于日本、朝鲜、俄罗斯。国内分布于辽宁、山东、浙江。舟山嵊山、枸杞等地有零星分布。

金膜藻

136 错综红皮藻
Rhodymenia intricata (Okamura) Okamura, 1930

同物异名 *Phyllophora intricata* Okamura, 1921

分类地位 真红藻纲 Florideophyceae，红皮藻目 Rhodymeniales，红皮藻科 Rhodymeniaceae

形态特征 藻体浅紫红色，膜质，直立，高5～10 cm。基部具匍匐茎状的固着器，其上为1圆柱形短柄，向上扩张成扁平宽线形叶状，不规则叉状分枝，枝端钝圆，枝基缢缩，边缘为全缘。囊果半球形，生长在枝上或枝的两缘。制成的蜡叶标本不完全附着于纸上。

生态习性 生长在低潮带或潮下带的岩石上。

地理分布 国外分布于日本、朝鲜。国内分布于山东、浙江、福建、香港。舟山嵊山、枸杞等地有零星分布。

错综红皮藻

参考文献

[1] B·福迪.藻类学[M].罗迪安,译.上海:上海科学技术出版社,1980.

[2] 中国科学院中国孢子植物志编辑委员会.中国海藻志 第三卷 褐藻门 第二册 墨角藻目[M].北京:科学出版社,2000.

[3] 中国科学院中国孢子植物志编辑委员会.中国海藻志 第二卷 红藻门 第二册 顶丝藻目 海索面目 柏桉藻目[M].北京:科学出版社,2005.

[4] 曾呈奎.中国黄渤海海藻[M].北京:科学出版社,2008.

[5] 曾呈奎.中国经济海藻志[M].北京:科学出版社,1962.

[6] 中国科学院中国孢子植物志编辑委员会.中国海藻志 第四卷 绿藻门 第一册 丝藻目 胶毛藻目 褐友藻目 石莼目 溪菜目 刚毛藻目 顶管藻目[M].北京:科学出版社,2013.

[7] 冈村金太郎.日本海藻誌[M].东京:内田老鹤圃,1936.

[8] 黄宗国.中国海洋生物种类与分布(增订版)[M].北京:海洋出版社,2008.

[9] 刘瑞玉.中国海洋生物名录[M].北京:科学出版社,2008.

[10] 陆艳用,马玉心,崔大练,等.中街山列岛保护区底栖海藻分布与资源特征[J].水产科学,2011,30(5):269-275.

[11] 毛欣欣,蒋霞敏,傅财华.朱家尖潮间带底栖海藻分布特征[J].宁波大学学报(理工版),2011,24(2):31-36.

[12] 毛欣欣,蒋霞敏,林清菁.浙江大型海藻彩色图集[M].北京:科学出版社,2011.

[13] 钱树本,刘东艳,孙军.海藻学[M].青岛:中国海洋大学出版社,2005.

[14] 阮积惠.渔山列岛潮间带底栖海藻生态的初步研究[J].东海海洋,1994,12(4):48-57.

[15] 宋伦,宋广军.辽东湾浮游植物生态特征研究[M].沈阳:辽宁科学技术出版社,2016.

[16] 王腾飞,蒋霞敏,王稼瑞,等.渔山列岛潮间带大型海藻的分布特征[J].海洋环境科学,2013,32(6):836-840.

[17] 王志铮,张义浩,吴常文,等.中街山列岛底栖海藻的资源调查[J].水产学报,2002,26(2):189-192.

[18] 中国科学院中国孢子植物志编辑委员会.中国海藻志 第二卷 红藻门 第三册 石花菜

目 隐丝藻目 胭脂藻目［M］.北京：科学出版社，2004.

［19］中国科学院中国孢子植物志编辑委员会.中国海藻志 第二卷 红藻门 第五册 伊谷藻目 杉藻目 红皮藻目［M］.北京：科学出版社，1999.

［20］中国科学院中国孢子植物志编辑委员会.中国海藻志 第二卷 红藻门 第七册 仙菜目 松节藻科［M］.北京：科学出版社，2011.

［21］章守宇，梁君，汪振华，等.浙江马鞍列岛海域潮间带底栖海藻分布特征［J］.应用生态学报，2008，19（10）：2299-2307.

［22］浙江省水产厅，上海自然博物馆.浙江海藻原色图谱［M］.杭州：浙江科学技术出版社，1983.

［23］中国科学院中国孢子植物志编辑委员会.中国海藻志 第二卷 红藻门 第六册 仙菜目Ⅰ 仙菜科 绒线藻科 红叶藻科［M］.北京：科学出版社，2001.

［24］郑柏林，王筱庆.海藻学［M］.北京：农业出版社，1961.

［25］朱四喜，章飞军，杨红丽，等.浙江中街山列岛岩相潮间带夏、秋季底栖海藻分布特征［J］.南方水产科学，2011，7（2）：14-21.

［26］王娟.紫菜减数分裂与单性生殖的研究［D］.中国海洋大学，2006.

拉丁学名索引

A

Acrosorium venulosum	120
Acrosorium yendoi	121
Ahnfeltiopsis flabelliformis	175
Alatocladia yessoensis	142
Amphiroa anceps	146
Amphiroa beauvoisii	147
Amphiroa ephedraea	148
Amphiroa rigida	149

B

Bangia fuscopurpurea	103
Bangia gloiopeltidicola	104
Blidingia minima	52
Botryocladia wrightii	201
Bryopsis corticulans	26
Bryopsis duplex	27
Bryopsis hypnoides	28
Bryopsis maxima	29
Bryopsis pennata	30
Bryopsis plumosa	31

C

Callophyllis adhaerens	173
Campylaephora crassa	112
Campylaephora hypnaeoides	113
Canistrocarpus cervicornis	65
Caulacanthus ustulatus	164
Centroceras clavulatum	114
Ceramium boydenii	115
Ceramium japonicum	116
Ceramium kondoi	117
Ceramium tenerrimum	118
Chaetomorpha aerea	35
Chaetomorpha antennina	36
Chaetomorpha brachygona	37
Chaetomorpha linum	38
Chaetomorpha spiralis	39
Champia japonica	194
Champia parvula	195
Chondracanthus intermedius	169
Chondracanthus tenellus	170
Chondria capillaris	128
Chondria crassicaulis	129
Chondria dasyphylla	130
Chondrus ocellatus	171
Cladophora albida	40
Cladophora flexuosa	41
Cladophora fuliginosa	42
Cladophora lehmanniana	43
Cladophora stimpsonii	45
Codium fragile	33
Colpomenia sinuosa	76
Conferva sericea	44

Corallina officinalis	143

D

Dasya villosa	122
Dasysiphonia japonica	123
Dictyota coriacea	66
Dictyota dichotoma	67

E

Ectocarpus siliculosus	73

F

Feldmannia indica	74
Fushitsunagia catenata	197

G

Gelidiophycus divaricatus	158
Gelidium amansii	159
Gelidium crinale	160
Gelidium pacificum	161
Gelidium pusillum	162
Gloiopeltis complanata	154
Gloiopeltis furcata	155
Gloiopeltis tenax	156
Gracilaria chouae	177
Gracilaria vermiculophylla	178
Grateloupia elliptica	180
Grateloupia filicina	181
Grateloupia livida	182
Grateloupia prolongata	183
Grateloupia ramosissima	184
Grateloupia turuturu	185
Griffithsia japonica	140

H

Halymenia floresii	188
Heterosiphonia pulchra	124
Hyalosiphonia caespitosa	152
Hypnea cervicornis	166
Hypnea chordacea	167

I

Ishige okamurae	90
Ishige sinicola	91

J

Jania adhaerens	144

L

Laurencia composita	132
Laurencia okamurai	133
Laurencia pinnata	131
Leathesia marina	70
Lithophyllum okamurae	150
Lomentaria hakodatensis	198
Lomentaria pinnata	199

M

Monostroma angicava	47
Monostroma nitidum	48

P

Pachymeniopsis lanceolata	186
Padina gymnospora	68
Palisada intermedia	134
Papenfussiella kuromo	71
Petalonia binghamiae	77
Phycodrys fimbriata	125
Phycodrys radicosa	126
Plocamium telfairiae	192
Polyopes affinis	189
Polyopes lancifolius	190
Polysiphonia senticulosa	135
Porphyra dentata	106
Porphyra dentimarginata	105
Porphyra haitanensis	107
Pyropia suborbiculata	108
Pyropia yezoensis	109

R

Ralfsia verrucosa	97
Rhodymenia intricata	202

S

Saccharina japonica	95
Sargassum confusum	82
Sargassum fusiforme	81
Sargassum graminifolium	83
Sargassum hemiphyllum	84
Sargassum horneri	85
Sargassum siliquastrum	86
Sargassum thunbergii	87
Sargassum vachellianum	88
Scytosiphon dotyi	78
Scytosiphon lomentaria	79
Sphacelaria rigidula	99
Sphacelaria fusca	100
Symphyocladia latiuscula	136
Symphyocladia marchantioides	137
Symphyocladia pumila	138

U

Ulothrix flacca	50
Ulva australis	54
Ulva clathrata	55
Ulva compressa	56
Ulva conglobata	57
Ulva flexuosa	58
Ulva intestinalis	59
Ulva lactuca	60
Ulva linza	61
Ulva prolifera	62
Undaria pinnatifida	93

中文名索引

B
半叶马尾藻 84
扁浒苔 56
扁节荚藻 199
波登仙菜 115

C
苍白刚毛藻 40
草叶马尾藻 83
叉节藻 148
叉开网地藻 65
叉珊藻 144
叉状黑顶藻 99
长囊水云 73
长枝蜈蚣藻 183
长紫菜 106
肠浒苔 59
刺边紫菜 105
刺松藻 33
丛簇羽藻 27
丛枝软骨藻 130
粗枝软骨藻 129
脆江蓠 177
错综红皮藻 202

D
大石花菜 161
大团扇藻 68
大羽藻 29
带形叉节藻 147
带形蜈蚣藻 185
袋礁膜 47
顶群藻 121
短节硬毛藻 37
多管藻 135

E
鹅肠菜 77

F
繁枝蜈蚣藻 184
附着美叶藻 173
复生凹顶藻 132

G
冈村凹顶藻 133
冈村石叶藻 150
钩凝菜 113
管浒苔 58

H
海带 95
海蒿子 82
海萝 155

海膜	188
海头红	192
红毛菜	103
厚网地藻	66
浒苔	62
环节藻	195

J

假根羽藻	26
剑叶海柏	190
礁膜	48
角叉菜	171
节荚藻	198
金膜藻	201
茎刺藻	164
具钩顶群藻	120
聚枝刚毛藻	42

K

孔石莼	54
宽扁叉节藻	146

L

砺菜	57
链状节荚藻	197
亮管藻	152
裂叶马尾藻	86
鹿角海萝	156
鹿角沙菜	166
螺旋硬毛藻	39
裸干沙菜	167

M

美丽异管藻	124

N

囊藻	76
粘膜藻	70
凝菜	112

P

盘苔	52
膨胀刚毛藻	43
披针形蜈蚣藻	186
匍匐石花菜	162

Q

气生硬毛藻	35
曲褶刚毛藻	41
裙带菜	93

R

日本凋毛藻	140
日本环节藻	194
日本绒管藻	123
日本仙菜	116
绒线藻	122
柔质仙菜	118
软丝藻	50

S

三叉黑顶藻	100
三叉仙菜	117

珊瑚藻	143	橡叶藻	126
扇形海柏	189	小海萝	154
扇形拟伊藻	175	小红毛菜	104
舌状蜈蚣藻	182	小石花菜	158
石莼	60	小鸭毛藻	138
石花菜	159	萱藻	79
史氏刚毛藻	45		
鼠尾藻	87		

Y

		鸭毛藻	136

T

苔状鸭毛藻	137	羊栖菜	81
坛紫菜	107	叶索羽珊藻	142
条斑紫菜	109	叶状铁钉菜	91
条浒苔	55	异丝藻	71
铁钉菜	90	异枝栅凹藻	134
铜藻	85	印度费氏藻	74
椭圆蜈蚣藻	180	硬叉节藻	149
		硬毛藻	36
		疣状褐壳藻	97

W

		羽裂橡叶藻	125
瓦氏马尾藻	88	羽藻	31
网地藻	67	羽状凹顶藻	131
无节萱藻	78	羽状羽藻	30
蜈蚣藻	181	圆紫菜	108
		缘管浒苔	61

X

Z

细毛石花菜	160		
细丝刚毛藻	44	真江蓠	178
细枝软骨藻	128	中间软刺藻	169
藓羽藻	28	纵胞藻	114
线形软刺藻	170		
线形硬毛藻	38		